Mohamed Atef Ibrahim

Aplicabilidade da Blockchain na gestão de serviços de telecomunicações

Mohamed Atef Ibrahim

Aplicabilidade da Blockchain na gestão de serviços de telecomunicações

ScienciaScripts

Cover image: www.ingimage.com

This book is a translation from the original published under ISBN 978-620-2-31141-0.

Publisher:
Sciencia Scripts
is a trademark of
Dodo Books Indian Ocean Ltd. and OmniScriptum S.R.L publishing group

120 High Road, East Finchley, London, N2 9ED, United Kingdom
Str. Armeneasca 28/1, office 1, Chisinau MD-2012, Republic of Moldova, Europe
Managing Directors: Ieva Konstantinova, Victoria Ursu
info@omniscriptum.com

Printed at: see last page
ISBN: 978-620-8-37546-1

Agradecimentos

Em primeiro lugar, gostaria de dedicar este trabalho aos meus pais e à minha família, especialmente à minha mulher, que sempre esteve presente e não se poupou a esforços para me apoiar.

O meu especial agradecimento ao meu mentor, Dr. Hans Le Fever, pela sua maravilhosa orientação, pela sua perspicácia e paciência desde o início até ao fim.

O meu supervisor Tino De Rijk deu um contributo valioso para esta investigação com a sua revisão minuciosa, a sua extraordinária orientação para os pormenores e os seus conhecimentos que enriqueceram os argumentos.

Agradeço também muito sinceramente à Sra. Judith Havelaar por toda a sua ajuda, apoio, compreensão e consideração.

Gostaria também de agradecer ao Prof. Dr. Aske Plaat, ao Dr. Arno Knobbe e aos Drs. A.C. Berendse pelo seu encorajamento e apoio.

Agradeço também à Sra. Iman Van der Kraan pelos seus esforços gentis e palavras de encorajamento.

Por último, agradeço aos meus amigos que acreditaram na minha capacidade de realizar este objetivo e me encorajaram continuamente, bem como a todos os que me ajudaram a recolher os dados e às pessoas que aceitaram participar nas entrevistas de investigação.

Resumo

A tecnologia Blockchain baseia-se no armazenamento de dados em cadeias de blocos criptograficamente seguras. No seu núcleo, é uma base de dados distribuída que mantém uma lista de transacções em crescimento contínuo utilizando uma rede peer-to-peer. Por conceção, uma cadeia de blocos é imune a adulterações ou à modificação de transacções anteriores utilizando técnicas criptográficas.

As caraterísticas básicas inerentes à tecnologia de cadeia de blocos qualificaram-na para provar a sua aplicabilidade no sector dos serviços financeiros. A sua primeira aplicação, e a mais utilizada, é a das criptomoedas e dos contratos inteligentes. A primeira aplicação em grande escala da cadeia de blocos foi a aplicação de uma moeda criptográfica. Foi conceptualizada em 2008 por Satotshi Nakamoto, introduzindo uma versão puramente peer-to-peer de dinheiro eletrónico que permitiria que os pagamentos online fossem enviados diretamente de uma parte para outra sem passar por uma instituição financeira.

Blockchain - como a tecnologia subjacente à bitcoin e a outras criptomoedas - é um livro-razão digital partilhado, ou uma lista continuamente actualizada de todas as transacções. Este livro-razão descentralizado mantém um registo de cada transação que ocorre através de uma rede totalmente distribuída ou peer-to-peer, pública ou privada. A integridade de uma cadeia de blocos depende de uma criptografia forte que valida e encadeia blocos de transacções, tornando quase impossível adulterar qualquer registo de transação individual sem ser detectado .[1]

Os potenciais benefícios da cadeia de blocos não são apenas económicos - estendem-se aos domínios político, humanitário, social e científico - e a capacidade tecnológica da cadeia de blocos já está a ser aproveitada por grupos específicos para resolver problemas do mundo real .[2]

Esta tese pretende explorar a aplicabilidade de uma solução de cadeia de blocos no domínio da gestão de serviços do sector das telecomunicações.

A aplicação em cascata da definição acima referida à prestação de serviços de telecomunicações oferece muitas possibilidades. Por exemplo, quando os gestores de serviços têm de gerir um processo de gestão de serviços de ponta a ponta que vai desde a receção de uma queixa do cliente, passando pela criação de um pedido de resolução de problemas para a primeira, segunda ou terceira linhas de apoio, ou pela emissão de uma

---

1 (http://www.pwc.com/us/en/technology-forecast/blockchain/definition.html)

2 Swan Melanie (2015) "Blockchain blueprint for a new economy" (Projeto de cadeia de blocos para uma nova economia).

ordem de trabalho para que as equipas de manutenção no terreno visitem um dos locais da rede para resolver um problema físico.

Um processo de gestão de serviços de ponta a ponta deste tipo enfrenta muitos desafios em termos de gestão das transacções de queixas dos clientes, dos pedidos de resolução de problemas e das ordens de trabalho entre diferentes entidades, correlacionando as ordens de trabalho com os pedidos de resolução de problemas e os pedidos de resolução de problemas com queixas específicas dos clientes, bem como a rastreabilidade das transacções e a responsabilidade pelas acções necessárias a realizar. Além disso, a governação de um processo deste tipo, em que existem diferentes bases de dados para as queixas dos clientes, os pedidos de resolução de problemas e as ordens de trabalho, consome muito tempo e não permite obter todas as capacidades de governação necessárias para uma melhoria contínua.

A tese aborda esses desafios específicos, empregando a metodologia de pesquisa da ciência do design para desenvolver uma solução baseada em blockchain para implementar o processo de gerenciamento de eventos especificado pelo ITIL e, em seguida, aprimorar de forma incremental e iterativa esse design por meio de entrevistas com profissionais qualificados no campo de gerenciamento de serviços de telecomunicações. O estudo decorreu durante um período de 50 dias e seis iterações de geração e avaliação de design.

Os resultados indicam que a tecnologia de cadeias de blocos resolve problemas de rastreabilidade, de integridade dos dados, de gestão de contratos e de governação no domínio da gestão de serviços do sector das telecomunicações. Curiosamente, as suas caraterísticas de contratos inteligentes proporcionam uma oportunidade de contribuir significativamente para a eficiência e a eficácia da automatização e gestão de um processo de gestão de serviços e para a realização de novas capacidades de governação, acabando por melhorar o desempenho do processo. Os resultados também indicam que a adoção da tecnologia de cadeia de blocos pode influenciar a cultura organizacional, especialmente num ambiente competitivo.

Além disso, estes resultados incentivam a investigação futura a explorar a criação de um novo modelo de arquitetura de dados empresariais, moldado em torno da integridade de dados imutáveis e auditáveis e de controlos de processos. Os resultados desta investigação podem ser úteis para vários domínios empresariais que planeiam implementar soluções de cadeias de blocos privadas, uma vez que especificam considerações de conceção, uma arquitetura em camadas e especificações técnicas para uma solução de cadeias de blocos privadas.

Palavras-chave:

Tecnologia de cadeias de blocos, ciência do design, telecomunicações, gestão de serviços, gestão de eventos.

Índice

Lista de abreviaturas

BSS – Business Support System

CRM - Customer Relationship Management

EMS – Element Management System

ERP – Enterprise Resource Planning

ICT – Information and Communication Technology

ITIL – Information Technology Infrastructure Library

ITU – International Telecommunications Union

NMS – Network Management System

OSS – Operations Support System

RAN – Radio Access Network

SNMP – Simple Network management Protocol

SOAP – Simple Object Access Protocol

TMN – Telecommunications Management Network

Capítulo 1

Objetivo da investigação

Introdução

A prestação de serviços de telecomunicações tem vindo a evoluir, enquanto os sistemas existentes enfrentam muitos desafios. As inovações tecnológicas podem fornecer soluções para enfrentar e ultrapassar alguns desses desafios. A tecnologia está a avançar e pode mudar a prestação de serviços de telecomunicações, tal como está a ter impacto em todos os outros aspectos da vida. Assim, uma vez que as telecomunicações são cruciais e têm um impacto direto na vida humana, a velocidade e a qualidade de um serviço de telecomunicações prestado tornam-se de importância primordial para os fornecedores de serviços e as entidades reguladoras, a fim de enriquecer a experiência dos utilizadores. Os principais indicadores de desempenho de um sistema deste tipo têm de ser definidos e continuamente monitorizados, perspectivando-se o desempenho global do sistema.

Os fornecedores de serviços de telecomunicações e os operadores de redes móveis esforçam-se continuamente por tornar os seus processos de gestão de serviços mais eficientes e eficazes na consecução dos objectivos pretendidos. Um dos principais objectivos desses processos é a resolução atempada das queixas dos clientes e das falhas na rede. Este estudo tem como objetivo desenvolver uma solução de cadeia de blocos de gestão de serviços de telecomunicações e validar a solução com base no seu potencial impacto no processo de gestão de serviços para resolver reclamações de clientes e falhas de rede e, em última análise, melhorar a experiência do cliente.

A adoção em massa das tecnologias blockchain, numa vasta gama de casos de utilização, está a tornar-se inevitável. Este estudo visa aproveitar a oportunidade de utilizar uma tecnologia emergente com diversas aplicações para desenvolver uma solução para os desafios existentes na gestão de serviços do sector das telecomunicações. O processo de "Gestão de eventos" será o caso de utilização para validar a solução.

A evolução das tecnologias e dos serviços de telecomunicações está a impor muitos novos desafios aos operadores de redes móveis, como acontece com a IoT (Internet of Things), em que o acesso aos serviços de telecomunicações será alargado aos automóveis, aos electrodomésticos e aos dispositivos médicos. Por conseguinte, os clientes podem agora ser também máquinas que não podem apresentar queixas devido a problemas de qualidade do serviço. O número de dispositivos ligados está a crescer rapidamente, uma vez que em 2012 atingiu 8,7 mil milhões[3] , prevendo-se que atinja 50,1 mil milhões em 2020. Com a transformação dos sectores, as inovações tecnológicas, como a tecnologia de cadeia de blocos, proporcionam novas formas de lidar com essa transformação.

A organização da cadeia de blocos pode alterar profundamente o significado do trabalho, melhorar a produtividade, proteger a nossa privacidade e melhorar a descentralização e a democratização. A melhor ideia é começar a melhorar os seus próprios processos com a tecnologia blockchain, preparando-os para serem transferidos para redes de transacções partilhadas descentralizadas .[4]

Os processos e sistemas de gestão de serviços podem utilizar as capacidades acima referidas através da cadeia de blocos para melhorar a prestação de serviços, a qualidade e a experiência do cliente dos serviços de telecomunicações. Pode também melhorar a deteção precoce e a resolução de eventos de rede como falhas e avarias de equipamento e enfrentar os desafios existentes na prestação de serviços de telecomunicações.

O projeto proposto dará especial atenção ao desenvolvimento de uma solução que utilize a tecnologia de cadeia de blocos como tecnologia subjacente para implementar um processo de gestão de serviços de telecomunicações de um operador de rede móvel. A solução de cadeia de blocos tem como objetivo enfrentar os principais desafios do processo para cumprir os requisitos da norma ITIL. O processo de gestão de eventos, que faz parte do processo de gestão de serviços End-to-End, será utilizado como um caso de uso para a validação da solução de acordo com o guia de operação de serviços ITIL.

Declaração do problema

Um processo de gestão de serviços ITIL é um processo complexo que envolve muitas entidades com diferentes capacidades e responsabilidades. Também vale a pena mencionar que as diferentes partes interessadas no processo estão geograficamente distribuídas e que existem inúmeras transacções que ocorrem entre as diferentes entidades para atingir os objectivos do processo, incluindo, mas não se limitando a: Reclamações de clientes, tickets de problemas, ordens de trabalho e solicitações de suporte ao cliente. Existem relações diretas e indirectas entre as diferentes transacções enumeradas.

---

[3] h ttps://www.statista.com/statistics/471264/iot-number-of-connected-devices-worldwide/

[4] Paul Bessems - Organização da cadeia de blocos: a nova indústria da confiança - 31 de janeiro de 2017 https://itsm.tools/2017/01/31/blockchain-organizing/

Os principais desafios que se colocam a este processo são:

- Integridade dos dados.
- Responsabilidade das partes interessadas.

- Correlacionar as transacções e
- Rastreabilidade das transacções.

A tecnologia Blockchain provou superar os desafios mencionados noutras aplicações como as criptomoedas, em que todas as transacções são:

1- Protegido por técnicas criptográficas.
2- Responsabilidade clara, uma vez que cada utilizador só tem controlo sobre a sua conta através de uma carteira eletrónica.
3- inter-relacionados e com carimbo de data/hora.
4- Rastreável e o histórico das transacções não pode ser manipulado por uma entidade não autorizada.

O problema de investigação consiste em estudar a aplicabilidade da tecnologia de cadeia de blocos na gestão de serviços de telecomunicações e em testar a validade da solução de cadeia de blocos através de um caso de utilização no processo de gestão de eventos, tal como especificado pela estrutura ITIL.

Em conclusão, o projeto de investigação em causa responde às questões de investigação que se seguem:

1. As caraterísticas básicas da tecnologia de cadeias de blocos, como a imutabilidade e a desintermediação, podem resolver os desafios da gestão de serviços, como a confiança, a responsabilização e os conflitos no sector das telecomunicações e, em caso afirmativo, como?
2. Uma solução tecnológica de blockchain de gestão de serviços pode ser uma solução complementar aos actuais sistemas ERP utilizados na gestão de serviços de telecomunicações?
3. Uma solução tecnológica de blockchain pode atender aos requisitos da estrutura ITIL?
4. Quais são os requisitos TIC necessários para implantar uma solução de gestão de serviços de cadeia de blocos numa infraestrutura de um operador de rede móvel?

Objetivo da investigação

O objetivo deste projeto é desenvolver uma solução de blockchain privada para implementar os processos no âmbito de um processo de gestão de serviços end-to-end de um operador de rede móvel para lidar com falhas de rede e reclamações de clientes. A aplicação de tal solução permite à organização aumentar a eficácia e a eficiência do processo e desenvolver capacidades de governação, capitalizando as caraterísticas básicas inerentes à tecnologia de cadeia de blocos:

- Transacções seguras utilizando técnicas criptográficas.
- Responsabilidade clara, uma vez que cada utilizador só tem controlo sobre a sua conta.

- Criação de inter-relações entre transacções e registo da hora de cada transação do processo.
- A rastreabilidade das transacções e o histórico das transacções não podem ser manipulados por uma entidade não autorizada.

Isto proporciona à organização uma melhor governação das capacidades de domínio existentes, oferece uma posição competitiva face aos concorrentes, permite uma maior eficiência na utilização dos recursos na prestação de serviços de telecomunicações e apresenta uma oportunidade para um maior sucesso na gestão dos serviços.

Definições

O processo de gestão de serviços: Este processo descreve as interações entre os processos de nível inferior e as actividades necessárias para resolver uma queixa técnica do cliente, por exemplo, um problema de cobertura, um problema de queda de chamadas, etc., excluindo os problemas de faturação.

O processo de gestão de eventos: Este processo monitoriza todos os eventos que ocorrem através da infraestrutura de TI para permitir o funcionamento normal e também para detetar e escalar condições de exceção .[5]

Suporte de nível 1: A entidade responsável pela vigilância da rede, deteção de alarmes, análise de alarmes e resolução preliminar de problemas para encaminhar a ação para a entidade correta para tratamento, quer através de escalonamento para o suporte de nível 2, quer para a equipa de manutenção no terreno, caso seja necessária uma ação física.

---

[5] ITIL V3 Service Operation p.35.

Suporte de nível 2: A entidade responsável pela configuração dos elementos de rede e pela resolução de problemas avançados, bem como pela prestação de apoio técnico às equipas de manutenção no terreno. Esta entidade pode dirigir a ação de tratamento quer através de escalonamento para o apoio de nível 3 quer para a equipa de manutenção no terreno, caso seja necessária uma ação física.

Suporte de nível 3: Entidade responsável pela resolução de problemas técnicos complexos que não puderam ser resolvidos pelas equipas de suporte de nível 2 e que lhes são encaminhados sob a forma de CSRs (Customer Support Request).

Manutenção no terreno: Entidade responsável por interagir fisicamente com os elementos da rede localizados nos sites da rede. Esta entidade detém os processos de manutenção corretiva e manutenção preventiva e é também responsável pela implementação de acções de otimização física.

Experiência do cliente: Esta entidade é responsável por atuar como ponto único de contacto entre as equipas de apoio ao cliente e as equipas técnicas, realizando a análise das reclamações técnicas dos clientes e o acompanhamento com outras equipas técnicas até à resolução das reclamações dos clientes.

Centro de operações de rede (NOC): Um centro de operações de rede (NOC) é uma localização central a partir da qual os administradores de rede gerem, controlam e monitorizam uma ou mais redes. A função geral é manter operações de rede óptimas numa variedade de plataformas, meios e canais de comunicação .[6]

Sistema de gestão de rede (NMS): Um sistema de gestão de rede (NMS) é uma aplicação ou um conjunto de aplicações que permite aos administradores de rede gerir os componentes independentes de uma rede no âmbito de uma estrutura de gestão de rede maior. O NMS pode ser utilizado para monitorizar componentes de software e hardware numa rede. Regra geral, regista os dados dos pontos remotos de uma rede para elaborar relatórios centrais para um administrador de sistema .[7]

Sistema de apoio às operações (OSS): Refere-se geralmente ao sistema (ou sistemas) que desempenha funções de gestão, inventário, engenharia, planeamento e reparação para fornecedores de serviços de comunicações e respectivas redes .[8] [9]

---

[6] https://www.techopedia.com/definition/5377/network-operations-center-noc

[7] https://www.techopedia.com/definition/11988/network-management-system-nms

[8] h ttp://www.etsi.org/technologies-clusters/technologies/past-work/oss

[9] http://www.multichain.com/blog/2015/10/private-blockchains-shared-databases/

Uma transação: É um conjunto de alterações a uma base de dados que é aceite ou rejeitada como um todo. Sempre que uma transação modifica a base de dados, o software garante que as regras da base de dados são respeitadas. Se qualquer parte de uma transação violar uma dessas regras, toda a transação será rejeitada com um erro correspondente9.

Lista de nós únicos (UNL): Cada servidor, s, mantém uma lista única de nós, que é um conjunto de outros servidores que s consulta ao determinar o consenso. Apenas os votos dos outros membros da UNL de s são considerados na determinação do consenso (em oposição a todos os nós da rede). Assim, o UNL representa um subconjunto da rede que, quando tomado coletivamente, é "confiável" por s para não conspirar numa tentativa de defraudar a rede. Note-se que esta definição de "confiança" não exige que cada membro individual do UNL seja de confiança.

Contrato inteligente: é um software que emula a lógica das cláusulas contratuais. Contém as regras para o processamento de quaisquer transacções efectuadas entre as partes participantes. Os contratos baseados na cadeia de blocos podem ser parcial ou totalmente executados ou aplicados sem interação humana.

Relevância académica e profissional

De uma perspetiva académica, a tecnologia Blockchain é uma tecnologia emergente que foi conceptualizada em 2008. Na sua essência, é uma base de dados distribuída que mantém uma lista de transacções em crescimento contínuo utilizando uma rede peer-to-peer. Por conceção, uma cadeia de blocos é imune a adulterações ou à modificação de transacções anteriores utilizando técnicas criptográficas. As caraterísticas básicas inerentes à tecnologia de cadeia de blocos permitiram-lhe provar a sua aplicabilidade no sector dos serviços financeiros. A sua primeira aplicação, e a mais utilizada, é a das criptomoedas e dos contratos inteligentes. Esta investigação pretende explorar a aplicabilidade de uma solução de cadeia de blocos no domínio da gestão de serviços do sector das telecomunicações.

Do ponto de vista profissional, as inovações tecnológicas têm ajudado a humanidade a ultrapassar muitos desafios. Um dos desafios que os fornecedores de serviços de telecomunicações e os operadores de redes móveis estão a enfrentar é a prestação de serviços de telecomunicações. A rápida resolução das reclamações dos clientes e a deteção precoce de falhas na rede podem enriquecer a experiência do cliente. A utilização de múltiplas bases de dados para a gestão de serviços aumenta a complexidade e impõe restrições rigorosas às capacidades de governação da organização na gestão da sua prestação de serviços. A gestão dos investimentos em TIC neste domínio também precisa de ser optimizada devido aos recursos limitados, garantindo o maior retorno para um investimento mínimo. Este estudo pretende desenvolver uma solução inovadora baseada em cadeias de blocos para implementar um processo de gestão de serviços que proporcione à organização capacidades de governação melhoradas.

IMPLICAÇÕES PARA A INVESTIGAÇÃO

As implicações da realização desta investigação são:

1. Desenvolver uma compreensão das aplicações da tecnologia de cadeia de blocos noutros domínios para além dos serviços financeiros e das criptomoedas.
2. Identificar uma nova aplicação da tecnologia de cadeia de blocos no sector da gestão de serviços em geral e no sector das telecomunicações em particular.
3. Compreender as oportunidades oferecidas pela tecnologia de cadeias de blocos e compreender os desafios que esta poderá enfrentar quando introduzida no sector das telecomunicações.

CONTRIBUIÇÃO PARA O ACERVO DE CONHECIMENTOS EXISTENTE

A investigação pretende enriquecer o conjunto de conhecimentos existentes sobre a possível aplicação da tecnologia de cadeias de blocos fora do sector dos serviços financeiros e colmatar a lacuna de conhecimentos existente relacionada com a aplicabilidade da tecnologia de cadeias de blocos no domínio da gestão de serviços do sector das telecomunicações.

CONTRIBUIÇÃO PARA A NOSSA COMPREENSÃO DO MUNDO

Esta investigação contribui para a nossa compreensão do mundo, uma vez que fornece a compreensão fundamental da potencial aplicação da tecnologia de cadeias de blocos no domínio da gestão de serviços do sector das telecomunicações e apresenta uma solução validada utilizando uma tecnologia emergente que pode proporcionar uma vasta gama de possibilidades e aplicações à gestão de serviços, tal como perturbou o sector financeiro com as criptomoedas como aplicação.

É bem conhecido na teoria organizacional que as dificuldades de coordenação aumentam com a dimensão. As unidades centralizadas de grande dimensão têm maior tendência para recorrer a medidas formais de coordenação através da normalização dos dados e dos procedimentos, enquanto as unidades descentralizadas de menor dimensão são mais flexíveis em termos de coordenação ad hoc *(Mintzberg 1979)*. A teoria da organização aponta assim para uma série de possíveis benefícios da tomada de decisões descentralizada. Em primeiro lugar, pode facilitar a utilização dos conhecimentos e da experiência acumulados pelo pessoal local. Em segundo lugar, pode melhorar a flexibilidade e a adaptabilidade da organização. Em terceiro lugar, pode motivar os trabalhadores e estimular o espírito empresarial. Em quarto lugar, pode reforçar os sentimentos de responsabilidade entre os trabalhadores *(Jacobsen e Thorsvik2002)*.

Alargando estes argumentos às organizações de telecomunicações de gestão de serviços, pode argumentar-se que as caraterísticas básicas inerentes à tecnologia da cadeia de blocos proporcionam uma base de dados com as seguintes caraterísticas

1- Público.
2- Distribuído.
3- Sincronizado.
4- Seguro.

Estas caraterísticas proporcionam uma gama muito ampla de aplicações na gestão de transacções no domínio da gestão de serviços.

ESTRUTURA DO RELATÓRIO

Capítulo 2 aborda a base concetual da tecnologia de cadeia de blocos e os conceitos da ciência do design para sistemas de informação, introduzindo as definições, a revisão da literatura e as teorias.

Capítulo 3 descreve a metodologia desta investigação, o processo de desenvolvimento da conceção, os critérios de seleção dos participantes e os procedimentos de recolha de dados, descrevendo também o protocolo da entrevista.

O capítulo 4 aborda o projeto preliminar desenvolvido pelo investigador e os seus fundamentos.

Capítulo 5 analisa e apresenta todas as iterações da conceção da solução. Também discute os resultados das entrevistas estruturadas.

O último capítulo contém o resumo, as conclusões e as recomendações para estudos ou práticas futuras.

Capítulo 2

Fundação Conceptual

Conceitos da tecnologia Blockchain

Uma cadeia de blocos é uma base de dados que mantém uma lista de transacções em crescimento contínuo utilizando uma rede peer-to-peer e um servidor de registo de tempo. O seu nome deve-se ao facto de armazenar as transacções em blocos e de ligar esses blocos através de criptografia, criando uma cadeia de blocos. Na sua conceção, uma cadeia de blocos é imune à manipulação ou à modificação de transacções anteriores através de técnicas criptográficas. Tem quatro caraterísticas básicas inerentes:

1- Público: onde qualquer nó da rede blockchain pode descarregar a blockchain completa.
2- Distribuída: através do armazenamento de dados na rede blockchain, os riscos de uma base de dados centralizada foram evitados, como a pirataria ou a existência de um ponto único de falha.
3- Sincronizado: A sincronização em uma rede blockchain é alcançada através de um processo que não depende de muito exame de blocos, mas sim confia nos blocos que o nó tem porque a cadeia de prova os apoia. É extremamente fácil verificar a cadeia de provas e, uma vez concluída, o nó só precisa de se certificar de que os blocos que recebe correspondem à cadeia de provas. À medida que a árvore de contas está a ser construída, a única coisa que importa é que ela acabe por ter o hash mestre do último bloco. Quando isso estiver completo e o nó estiver sincronizado, ele pode começar a atualizar a árvore de contas normalmente, aceitando blocos válidos .[10]
4- Seguro: aplicando a verificação, o hashing, a criptografia, a inter-relação das transacções, a utilização de chaves públicas e privadas

Uma das principais definições que devem ser introduzidas aqui é a de hashing, em que uma função de hashing é definida da seguinte forma

Função de hashing: Uma função de hash é uma função eficiente que mapeia cadeias binárias de comprimento arbitrário para cadeias binárias de comprimento fixo (por exemplo, 128 bits), designadas por valor hash ou digest .[11]

---

[10] J.D. Bruce, Purely P2P Crypto-Currency With Finite Mini-Blockchain, maio de 2013. Rev 1. https://pdfs.semanticscholar.org/3f64/123ce97a0079f8bea66d3f760dbb3e6b40d5.pdf Acedido em 9 Abr, 2017.

[11]Criptografia e teoria dos números, CA642.

http://www.computing.dcu.ie/~hamilton/teaching/CA642/notes/Hash.pdf

Outra definição importante é a do processo de mineração, que é responsável por adicionar registos de transacções ao livro-razão. O livro-razão das transacções anteriores é designado por "cadeia de blocos", uma vez que é a cadeia de blocos que contém as transacções anteriores validadas. Este processo é implementado pelos nós mineiros que interagem para chegar a um consenso seguro e inviolável.

A especificação técnica mais importante dos nós mineiros é a taxa de hash. A taxa de hash mede a potência da máquina de um minerador de blockchain. Especificamente, mede o número de vezes que uma função de hash pode ser calculada por segundo, em que uma função de hash recebe uma entrada de um determinado comprimento e produz uma saída de um comprimento especificado. Nesta iteração, o projeto deve considerar mais detalhadamente a questão da escolha de uma função hash para realizar os cálculos de endereço para a aplicação em causa e a taxa de hash dos nós de mineração que se assemelham ao pool de mineração nesta cadeia de blocos privada.

(Berke, 2017), ao comparar os protocolos de consenso e as permissões de acesso em aplicações de cadeias de blocos públicas e privadas, refere que o processo utilizado para obter consenso (verificação das transacções através da resolução de problemas) foi propositadamente concebido para demorar algum tempo, atualmente cerca de 10 minutos. As transacções não são consideradas totalmente verificadas durante cerca de uma a duas horas, altura em que estão suficientemente "profundas" no livro-razão para que a introdução de uma versão concorrente do livro-razão, conhecida como fork, seja computacionalmente demasiado dispendiosa. Este atraso é simultaneamente uma vulnerabilidade do sistema, na medida em que uma transação que inicialmente parece estar verificada pode mais tarde perder esse estatuto, e um obstáculo significativo à utilização de sistemas baseados na bitcoin para transacções rápidas, como as transacções financeiras.

Numa cadeia de blocos privada, pelo contrário, os operadores podem optar por permitir que apenas determinados nós realizem o processo de verificação, e estas partes de confiança seriam responsáveis pela comunicação das transacções recentemente verificadas ao resto da rede. A responsabilidade de garantir o acesso a estes nós e de determinar quando e para quem alargar o conjunto de partes de confiança seria uma decisão de segurança tomada pelo operador do sistema de cadeia de blocos .[12]

A ARQUITECTURA DA REDE DE GESTÃO DAS TELECOMUNICAÇÕES (TMN)

Esta secção deve abranger a arquitetura de uma rede de gestão de telecomunicações para desenvolver a compreensão necessária para posicionar a solução no âmbito das

12 Harvard Business Review "Quão seguras são as cadeias de blocos? It depends", Allison Berke, 7 de março de 2017.

arquitecturas de telecomunicações normalizadas existentes e onde existem interfaces de fornecedores proprietários.

A arquitetura da TMN foi estratificada horizontalmente em camadas de Gestão de Elementos, Gestão de Rede e Gestão de Serviços. A arquitetura em camadas é apresentada na Figura 1 - Arquitetura em camadas da TMN. Os elementos da rede interagem com o sistema de gestão de elementos através da interface Qx (propriedade do fornecedor que fabricou os elementos da rede) e as outras interfaces do SGA com outros níveis de funções de gestão são efectuadas através da interface Q3.

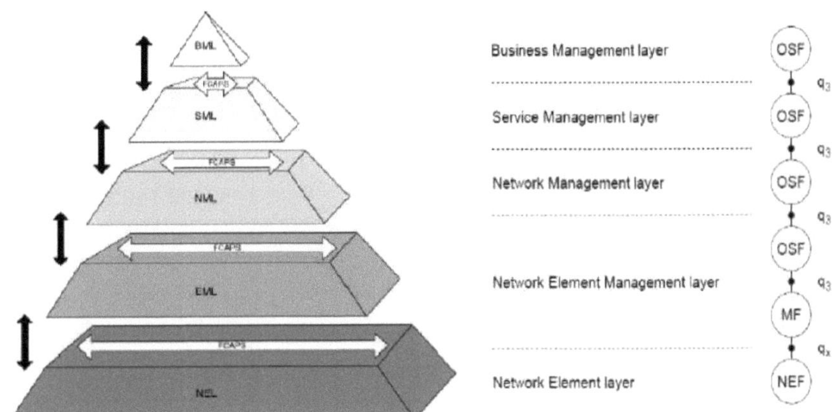

FIGURA 1 - ARQUITECTURA EM CAMADAS DA TMN

As funções dos vários níveis de gestão da rede são apresentadas a seguir:

- Camada de elementos de rede: Esta camada inclui os Switches, Routers e Sistemas de Transmissão, etc.
- Camada de gestão dos elementos: Esta camada gere os elementos que constituem as redes e os sistemas, incluindo as configurações de rede.
- Camada de gestão da rede: Este nível gere a rede e os sistemas que fornecem esses serviços, por exemplo, capacidade, diversidade, congestionamento, etc. Esta camada gere a partir de uma perspetiva de vários fornecedores. Fornece a visão da rede, a correlação dos eventos da rede, o acesso único aos elementos e gestores da rede, a gestão do tráfego, a monitorização da utilização e do desempenho da rede.
- Camada de gestão de serviços: Esta camada gere o serviço oferecido aos clientes, por exemplo, cumprindo os níveis de serviço ao cliente, a qualidade do serviço, os objectivos de custo e de tempo de colocação no mercado, etc. Gestão de encomendas, orquestração, middleware, gestão de aprovisionamento, gestão de contas de utilizador, gestão de QoS, gestão de inventário, monitorização do desempenho do serviço.

- Camada de gestão empresarial: Este nível gere o negócio global, ou seja, a obtenção do retorno dos investimentos, a quota de mercado, a satisfação dos empregados, os objectivos da comunidade e do governo, etc. A gestão de clientes, a comunicação de avarias, a faturação dos clientes e as ferramentas de comunicação de negócios inserem-se neste nível.

REVISÃO DA LITERATURA

Esta secção situa o projeto de investigação no contexto do conjunto de conhecimentos já existentes sobre o tema. Fornece também a base teórica para a investigação. Dá uma visão geral do que já foi feito no terreno por outros investigadores e, assim, estabelece o cenário para a investigação.

O investigador utilizou a base de dados Google scholar, a base de dados Researchgate e a base de dados Mendeley como principal fonte de literatura científica relacionada com o tema da investigação. O investigador também teve acesso a muitas páginas Web, blogues e fóruns relacionados com a tecnologia de cadeia de blocos e as suas várias aplicações. As palavras-chave utilizadas para pesquisar as bases de dados foram: Blockchain, tecnologia de blockchain, aplicações de blockchain, automação de processos, blockchain versus banco de dados relacional, design de pesquisa, design de blockchain, mineração de blockchain, hashing de blockchain, algoritmos de hashing, segurança de blockchain, confidencialidade de blockchain e rede de blockchain.

Esta investigação adoptará a metodologia da ciência do design, seguindo as diretrizes da ciência do design e utilizando métodos de avaliação do design *(Hevneret. al, 2004)*.

A tecnologia Blockchain baseia-se no armazenamento de dados em cadeias de blocos criptograficamente seguras. Com a crescente utilização de documentos de texto, áudio e vídeo em formato digital e a facilidade com que esses documentos podem ser modificados, surge um novo problema: como se pode certificar quando um documento foi criado ou modificado pela última vez? *(Haber e Stornetta, 1991)* propuseram duas soluções para este problema, ambas envolvendo a utilização de funções de hash unidireccionais, cujos resultados são processos em vez dos documentos reais, e de assinaturas digitais.

(Nakamoto, 2008) conceptualizou a primeira aplicação em grande escala da cadeia de blocos. Foi para a aplicação de uma cripto-moeda. Nesse documento, Satoshi Nakamoto introduziu uma versão puramente peer-to-peer de dinheiro eletrónico que permitiria que os pagamentos online fossem enviados diretamente de uma parte para outra sem passar por uma instituição financeira.

(Crosby et. al, 2016) Realizou mais investigação explorando as aplicações da tecnologia de cadeia de blocos para além das criptomoedas, como em "BlockChain Technology: Beyond Bitcoin". Uma vez que a cadeia de blocos é uma nova tecnologia emergente, a maior parte da literatura científica sobre ela é de natureza explicativa e exploratória. A maior parte da literatura científica existente centra-se nas aplicações mais populares e amplamente utilizadas da tecnologia de cadeia de blocos. À escala mundial, as aplicações mais populares da tecnologia de cadeia de blocos são as criptomoedas, como a bitcoin, e os contratos inteligentes, como o ethereum. Embora o desenvolvimento de outras aplicações noutros domínios seja ainda imaturo, prevê-se um rápido aumento de novas aplicações para a tecnologia de cadeia de blocos; - "As oportunidades de aplicações não financeiras são também infinitas. Podemos imaginar colocar na cadeia de blocos a prova de existência de todos os documentos legais, registos de saúde e pagamentos de fidelização na indústria musical, notários, títulos privados e licenças de casamento. Ao armazenar a impressão digital do ativo digital em vez de armazenar o próprio ativo digital, o objetivo do anonimato ou da privacidade também pode ser alcançado."

(Pilkington, 2016) publicou "Blockchain Technology: Principles and Applications"[13] . Numa primeira parte, apresentou os conceitos fundamentais. Em segundo lugar, discutiu uma definição de Vitalik Buterin, a distinção entre cadeias de blocos públicas e privadas e as caraterísticas dos registos públicos. Em terceiro lugar, afirmou a natureza fundamental e disruptiva da cadeia de blocos, apresentou os riscos e os inconvenientes dos registos públicos distribuídos e mostrou por que razão estes últimos explicam a mudança para soluções híbridas. Por último, esboçou uma lista de aplicações importantes, tendo em conta os desenvolvimentos mais recentes.

(Mazonka, 2016) no seu artigo "Blockchain: Simple Explanation" apresenta uma introdução passo a passo sobre o que é a cadeia de blocos e como funciona. Apresenta os conceitos de hashing, funções de hash, cadeias de hash e criptografia de chave pública. O tema da escolha das melhores estratégias de hashing e funções de hash foi abordado numa tese de mestrado em engenharia de software da Universidade de Thapar por *(Singh, 2009)*, onde se concluiu que a escolha das melhores estratégias de hashing e funções de hash está puramente relacionada com o problema em causa. A escolha de uma função de hash eficaz para uma aplicação específica é mais uma arte do que uma ciência, dependendo dos requisitos e das restrições. *(Askitis, 2009)* preocupou-se com o desempenho das tabelas de hash, sendo que uma tabela de hash é uma estrutura de dados fundamental na ciência da computação que pode oferecer armazenamento e recuperação rápidos de dados. Descreveu como implementar eficientemente uma tabela de hash de matriz consciente da

---

13 Marc Pilkington é Professor Associado de Economia na Universidade da Borgonha, em França.

cache para chaves inteiras e, em seguida, comparou experimentalmente o seu desempenho com duas variantes de tabelas de hash encadeadas e com duas tabelas de hash de endereço aberto - sondagem linear e hash de cuco com balde - para a tarefa específica de manter um dicionário de chaves inteiras (com dados de carga útil) na memória. Concluiu que a matriz hash também estava entre as tabelas hash mais rápidas para apagar chaves aleatórias, mas pode tornar-se mais lenta do que uma tabela hash encadeada e do que o hashing cuco bucketizado num caso específico que envolve a eliminação de chaves.

(Swan, 2015), no seu livro "Blockchain, Blueprint for a new economy", introduz as principais aplicações da cadeia de blocos como moedas e contratos inteligentes, apresentando depois aplicações para além da moeda, da economia e dos mercados. O livro demonstrou que os muitos conceitos e caraterísticas da tecnologia de cadeia de blocos podem ser amplamente extensíveis a uma grande variedade de situações. Estas caraterísticas aplicam-se não só ao contexto imediato da moeda e dos pagamentos (Blockchain 1.0), ou aos contratos, à propriedade e a todas as transacções dos mercados financeiros (Blockchain 2.0), mas também a segmentos tão diversos como a administração pública, a saúde, a ciência, a literacia e a edição,

desenvolvimento económico, arte e cultura (Blockchain 3.0) e, possivelmente, de forma ainda mais ampla, para permitir um progresso humano em grande escala.

(Bessems, 2017) apresenta a cadeia de blocos como um conceito novo e disruptivo para organizar a confiança na cadeia da oferta e da procura. No seu artigo "Blockchain organizing: the new trust industry" (Organização da cadeia de blocos: a nova indústria da confiança), estuda o impacto da tecnologia da cadeia de blocos em terceiros de confiança existentes no mecanismo de coordenação tradicional, como "a empresa", "o banco" ou "o governo". Conclui o seu artigo dizendo que a organização da cadeia de blocos afectará a indústria das TI. Serão concebidos e construídos novos sistemas. Não se basearão nas fronteiras das empresas e nas suas próprias bases de dados. Serão baseados numa ontologia e taxonomia, com as duas pedras de construção mais pequenas (humanos e as suas ferramentas) e a transação no centro. Os modelos organizacionais basear-se-ão em princípios de organização como: "instituições programáveis", "flexibilidade estruturada" e "separados uns dos outros". Os sistemas de TI serão construídos com estes novos princípios organizacionais como ponto de partida.

(Melika, 2017) Apresenta uma das patentes interessantes atualmente pendentes no que respeita à aplicação da tecnologia de cadeias de blocos nas telecomunicações. Descreve a liquidação de telecomunicações gerida criptograficamente que ocorre em tempo real com

a geração e a cessação de um canal de telecomunicações. Após a criação de um canal de comunicações, é estabelecido um fundo de contrato entre dois ou mais serviços de telecomunicações e registado num livro de registo criptográfico. Ao longo de intervalos regulares de serviço do canal, a criptomoeda é libertada do fundo de contrato. Após o término do canal de comunicações, o montante libertado do fundo contratual é transferido para o fornecedor de telecomunicações recetor e o restante para o serviço de telecomunicações requerente. As transacções entre carteiras de criptomoedas são todas publicadas no livro-razão criptográfico .[14]

(Kumar, 2009) efectuou uma análise aprofundada das funções dos sistemas de gestão de elementos e dos sistemas de gestão de redes nas redes de telecomunicações. Este documento apresenta também uma breve descrição da evolução da gestão das redes de telecomunicações, dos diferentes sistemas de rede utilizados na rede e dos problemas de gestão da rede enfrentados pelos fornecedores de serviços de telecomunicações. Este documento também aborda em pormenor as diferentes normas do ITU-T e do Telecom Management Forum [TMF] para a gestão de redes de telecomunicações, as suas sinergias e áreas funcionais para a gestão de redes de telecomunicações. Discute também em pormenor as funções EMS e as funções NMS, clarificando as fronteiras entre elas. Especifica igualmente os requisitos de interface para que os sistemas EMS/NMS funcionem em conjunto com os sistemas EMS, NMS, OSSBSS e ERP.

Por outro lado, existe a ITIL (Information technology infrastructure library), que é um quadro de boas práticas para a gestão de serviços de TI que fornece a base prática de avaliação da aplicabilidade da tecnologia de cadeias de blocos para satisfazer as diretrizes de boas práticas.

Assim, esta investigação pretende preencher a lacuna de investigação no corpo de conhecimento existente relacionado com a aplicação da tecnologia blockchain no domínio da gestão de serviços do sector das telecomunicações, o que define o tema para comparar os resultados desta investigação com os resultados de outros investigadores e situar os resultados no corpo de conhecimento existente.

CONSIDERAÇÕES SOBRE A CONCEÇÃO DA SOLUÇÃO DE CADEIA DE BLOCOS

Esta secção aborda a resposta a algumas questões preliminares antes de desenvolver a conceção como um artefacto. A resposta a estas perguntas constituirá a base do projeto:

1. **Pergunta 1: Porque é que as principais caraterísticas inerentes à tecnologia Blockchain**

[14] Gestão criptográfica genérica da liquidação de telecomunicações. Melika, G. A Thobhani, A. https ://www.google.com/patents/US20170078493 2017 Google Patents

a qualificam para competir com outras tecnologias existentes?

As caraterísticas inerentes à tecnologia de cadeia de blocos permitem-lhe suportar processos empresariais críticos, mas a decisão de utilizar a cadeia de blocos em vez da base de dados relacional depende da natureza da aplicação pretendida e do processo empresarial que esta deve suportar, sendo que a cadeia de blocos será definitivamente a melhor escolha no caso de a aplicação poder utilizar uma base de dados distribuída para armazenar informações que suportarão algum processo empresarial crítico, e as actualizações dessa base de dados devem ser criptograficamente protegidas contra adulterações, e o historial das transacções tem valor empresarial. Uma das principais caraterísticas inerentes à tecnologia de cadeia de blocos é o facto de ter sido concebida para ser utilizada por um grupo de partes não confiantes e não requerer uma administração central.

Partindo do princípio de que todas as partes que interagem num processo são partes de confiança dentro da mesma empresa, isto elimina a necessidade de uma cadeia de blocos privada para criar um ecossistema sem confiança. Nesses cenários específicos, seria preferível beneficiar do desempenho superior oferecido pelas soluções de bases de dados convencionais, sejam elas relacionais ou distribuídas.

Até à data, o desempenho de uma base de dados relacional excede o de uma base de dados de cadeias de blocos. Por conseguinte, se o elevado desempenho for um requisito fundamental da aplicação, uma base de dados relacional ou mesmo uma base de dados distribuída NoSQL será mais adequada. Por outro lado, existem algumas vantagens da tecnologia de cadeia de blocos em relação às bases de dados relacionais em termos de tolerância a falhas. Por exemplo, como há vários nós na rede de cadeia de blocos que mantêm a cadeia completa, é praticamente difícil atingir o mesmo nível de robustez utilizando uma base de dados relacional. Além disso, a natureza distribuída da rede de cadeias de blocos minimiza a possibilidade de pirataria de vários nós, ao passo que a pirataria de um único nó constitui uma ameaça importante quando se utilizam bases de dados relacionais.

Em conclusão, as cadeias de blocos, as bases de dados relacionais e as bases de dados distribuídas NoSQL podem suportar processos empresariais críticos, mas cada uma tem o seu próprio domínio de excelência, enquanto as bases de dados relacionais se destacam em termos de desempenho e as bases de dados distribuídas NoSQL se destacam em termos de robustez e desempenho. As cadeias de blocos são excelentes em termos de robustez e tolerância a falhas, que dificilmente podem ser alcançadas pelas bases de dados relacionais, e são mais adequadas para aplicações que dependem de um estado imutável de confiança partilhado com uma pequena quantidade de dados. Por conseguinte, uma análise detalhada dos requisitos deve orientar a decisão de utilizar uma cadeia de blocos, uma base de dados distribuída NoSQL ou uma base de dados relacional.

2. Pergunta 2: Todas as caraterísticas da tecnologia de cadeia de blocos

implementadas nas cadeias de blocos públicas são necessárias numa solução de cadeia de blocos privada?

A conceção do sistema deve adotar uma solução baseada na utilização da cadeia de blocos como base de dados e nas suas caraterísticas. A própria base de dados de cadeias de blocos é necessária na solução para manter os registos de todas as queixas dos clientes, bilhetes de problemas, ordens de trabalho e pedidos de apoio aos clientes e manter as relações entre eles numa única cadeia de blocos, em vez das diferentes bases de dados centralizadas existentes, cada uma com os registos de um tipo específico de transacções.

A caraterística que existe noutras aplicações públicas baseadas em cadeias de blocos (criptomoedas) e que não é necessária numa cadeia de blocos privada é o regime de incentivos utilizado para recompensar os nós pelo processamento das transacções e pela validação dos blocos. Na conceção de uma cadeia de blocos privada não existem partes externas que precisem de ser recompensadas pelo processamento das transacções e pela validação dos blocos, o que elimina a necessidade de incentivos ou de um regime de incentivos.

3. **Pergunta 3: Esta solução destina-se aos técnicos de serviço que não cumprem as regras ou tentam esconder as suas próprias deficiências, ou seja, trata-se de uma questão humana?**

A resposta a esta pergunta é sim, mas este é apenas um dos diferentes aspectos abordados pela solução. Num contexto alargado, a solução aborda a forma como a tecnologia de cadeia de blocos é utilizada para criar um ecossistema sem confiança em que as transacções são permitidas entre diferentes entidades, tais como fornecedores e contratantes concorrentes, sem a necessidade de uma terceira parte ou intermediário de confiança ou de um único proprietário dos registos de dados das transacções, mantendo os direitos das diferentes entidades, minimizando os conflitos e imunes a serem adulterados por uma única entidade. Num ecossistema deste tipo, os dados que representam os factos relacionados com uma transação não podem ser adulterados ou utilizados indevidamente.

4. **Questão 4: A solução pretende resolver um problema interno de uma empresa ou o problema estende-se a empresas externas (estendendo-se à cadeia de serviços)?**

A solução também aborda algumas questões que surgem ao longo da cadeia de serviços de um operador de rede móvel, especialmente as que dependem fortemente de um modelo de operação de serviços geridos ou de outsourcing, em que a responsabilidade de implementar os processos operacionais é transferida para a organização executante, que pode ser um fornecedor ou subcontratante. Se o operador estiver a adotar um modelo de operação de serviços geridos nos processos apresentados neste estudo, os direitos contratuais de todas as entidades da cadeia de serviços são mantidos através da aplicação de termos contratuais sobre indicadores-chave de desempenho predefinidos.

Também vale a pena mencionar que uma das aplicações da tecnologia de cadeia de blocos que pode ter grande potencial de utilização no sector das telecomunicações são os contratos inteligentes. Numa configuração de serviços geridos, o contrato inteligente pode ser utilizado para reger a prestação de serviços por vendedores ou subcontratantes a operadores de rede com base em termos predefinidos de prestação de serviços e indicadores-chave de desempenho, que estão sobretudo relacionados com KPIs de rede e percentagens de cumprimento do tempo de resolução de falhas de rede.

Capítulo 3

Métodos de investigação

Conceção da investigação

Esta investigação utilizou uma metodologia de investigação qualitativa e a abordagem utilizada foi o estudo de caso, uma vez que se centra numa única unidade de análise *(Saldana, 2011)*. A unidade única de análise nesta investigação é o "processo de gestão de eventos ITIL". A investigação qualitativa de estudo de caso permitiu ao investigador estudar e concentrar-se num único processo *(Creswell, 2014; Saldana, 2011)*. A metodologia qualitativa foi escolhida para esta pesquisa porque não há necessidade de generalização de resultados *(sun, 2009)*. O objetivo da pesquisa é ir além da análise estatística e numérica e alcançar uma compreensão mais profunda da aplicabilidade da tecnologia blockchain na implementação de um processo-chave na gestão de serviços de telecomunicações. A natureza dos dados nesta investigação não foi numérica, as entrevistas com especialistas na matéria (como método de recolha de dados) permitiram aos participantes descrever as suas experiências e pontos de vista sobre determinados assuntos. A investigação qualitativa previa uma interação entre o investigador e o sujeito (fenómenos) *(Sun, 2009)* e o investigador e os fenómenos investigados eram independentes *(Slevitch, 2011)*. Todos estes factores apoiam a seleção do estudo de caso como abordagem para esta investigação qualitativa.

A abordagem de indução foi escolhida uma vez que a aplicação da tecnologia de cadeia de blocos no domínio da gestão de serviços do sector das telecomunicações é um tema novo com muito debate e pouca literatura existente. A investigação proposta será de natureza exploratória e dependerá principalmente da pesquisa bibliográfica, de entrevistas a peritos e de entrevistas a grupos de reflexão. *(Bucker, C. 2015)*

Optou-se pela abordagem qualitativa, uma vez que a avaliação do projeto pelos entrevistados qualificados será feita com base em dados não numéricos, interpretativos e descritivos, baseados na observação de um cenário natural e na descrição aprofundada de uma situação ou em observações do "cenário natural". *(Bucker, C. 2015)*

A estratégia de pesquisa de estudo de caso é proposta através da aplicação do design usando a tecnologia blockchain no "processo de gerenciamento de eventos ITIL", onde várias metodologias podem ser usadas para coletar e analisar dados, incluindo:

Entrevistas com as partes interessadas/especialistas, quer sejam gestores, pessoal ou parceiros, de natureza exploratória, para identificar os principais factores de sucesso que a tecnologia deve proporcionar. As entrevistas estruturadas e o questionário abrangerão, mas não se limitarão às seguintes questões

a. Quais são os requisitos do ponto de vista tecnológico para implementar os processos de gestão de serviços?
b. Com base nesses requisitos, quais serão os critérios de avaliação de uma solução de cadeia de blocos para validar a solução?
c. A tecnologia blockchain fornece os requisitos necessários para implementar os processos de gestão de serviços?
d. Depois de analisar a solução, como é que esta satisfaz os critérios de avaliação especificados? e. Quais são os inconvenientes de utilizar a tecnologia de cadeia de blocos em vez das tecnologias existentes?
f. Quais são as vantagens sentidas da utilização da tecnologia de cadeias de blocos em vez das tecnologias existentes?

A maioria dos estudos de investigação qualitativa depende da entrevista como principal instrumento de recolha de dados *(Saldana, 2011)*. A entrevista permite que os participantes partilhem as suas histórias e experiências e obtenham respostas aprofundadas que se centram na experiência e na opinião do participante relacionadas com o tema da investigação *(Murtezaj, 2011)*. Os formatos das entrevistas podem variar entre entrevistas altamente estruturadas e entrevistas não estruturadas *(Saldana, 2011)*. Vários factores afectam o grau de estruturação da investigação qualitativa, como o objetivo do estudo e a disponibilidade dos participantes *(Devers & Frankel, 2000)*. Outro método de recolha de dados utilizado em estudos de investigação qualitativa é a análise de documentos, que proporciona a oportunidade de rever os documentos relacionados com o tópico em estudo *(Creswell, 2014)*. Estes vários métodos são triangulados entre si para garantir o rigor do estudo, uma vez que a utilização de mais do que um método de recolha de dados ajuda a diminuir os pontos fracos de uma abordagem única *(Aziz, 2013)*.

Neste estudo de caso de investigação qualitativa, o investigador utilizou entrevistas semi-estruturadas com os participantes; os participantes eram especialistas no seu domínio e no sector das telecomunicações, mas tinham poucos conhecimentos aprofundados sobre a tecnologia de cadeia de blocos. A entrevista semi-estruturada permitiu ao investigador ter mais flexibilidade para iniciar a entrevista com uma breve introdução sobre a ideia e o objetivo da investigação e para ilustrar os conceitos da tecnologia de cadeia de blocos. O método de análise de documentos permitiu ao investigador rever os documentos relacionados com o tema da investigação; a análise de documentos foi um método secundário de recolha de dados nesta investigação qualitativa de estudo de caso. Os documentos utilizados nesta investigação incluíram:

1- O Guia de funcionamento do serviço ITIL;
2- Livros relacionados com a tecnologia Blockchain;
3- O processo de gestão de eventos;
4- O processo de gestão de serviços;

5- Artigos de investigação relacionados com a tecnologia blockchain;
6- Artigos de investigação relacionados com aplicações da tecnologia blockchain;

Critérios de seleção dos participantes

Existem duas técnicas de amostragem: amostragem probabilística e amostragem não probabilística *(Malhotra, 2007)*. A amostragem probabilística não é adequada para estudos de investigação qualitativa, uma vez que não há necessidade de generalização *(Creswell, 2014)*. As técnicas de amostragem não probabilística dependem mais do julgamento pessoal do investigador do que da possibilidade de selecionar um elemento amplo *(Malhotra, 2007)*. A amostragem intencional, como técnica de amostragem não probabilística, foi selecionada para ser utilizada nesta investigação qualitativa. Baseou-se no pressuposto de que o investigador necessitava de compreender, descobrir e obter conhecimentos, pelo que devia selecionar os participantes capazes de fornecer os dados e as informações necessários, a partir dos quais se pode aprender mais. Os participantes foram selecionados de acordo com o objetivo da investigação e a sua capacidade de contribuir para a investigação *(Aziz, 2013)*.

As amostras para as investigações qualitativas são geralmente muito mais pequenas do que as utilizadas na investigação quantitativa *(Mason, 2010)*. Há um ponto de retorno decrescente para as amostras qualitativas, pois à medida que o estudo avança, mais dados não conduzem necessariamente a novas informações *(Mason, 2010)*. A dimensão da amostra depende, em geral, da conceção da investigação *(Creswell, 2014)*.

O conceito de saturação de dados, quando não são observadas novas informações ou temas nos dados a partir da realização de entrevistas ou casos adicionais, é útil para discutir a dimensão da amostra na investigação qualitativa *(Boddy, 2016)*. A saturação, na recolha de dados qualitativos, é quando o investigador deixa de recolher dados porque os dados frescos já não suscitam novas ideias ou revelam novas propriedades *(Creswell, 2014)*. Embora o conceito de saturação de dados seja útil a nível concetual, em termos práticos fornece poucas orientações para estimar a dimensão real da amostra *(Boddy, 2016)*.

Hennink, Kaiser e Marconi (2016) mostraram que a saturação do código indica que o investigador ouviu toda a informação necessária, enquanto a saturação do significado é necessária para compreender todos os dados: Nove entrevistas foram necessárias para atingir a saturação de código e 16-24 entrevistas foram necessárias para atingir a saturação de significado. A maioria dos estudos relacionados com a dimensão da amostra na investigação qualitativa fornece orientações sem argumentos empíricos sobre a razão pela qual determinados números devem ser utilizados na seleção da dimensão da amostra *(Mason, 2010)*. Marshal, Cardon, Poddar e Fontenot (2013) sugerem que as investigações de estudo de caso qualitativo devem geralmente conter 15 a 30 entrevistas.

Os participantes visados incluíam engenheiros de telecomunicações, gestores de serviços de telecomunicações, gestores de operações, gestores de governação empresarial e pessoal de apoio às telecomunicações. As entrevistas foram realizadas em reuniões em linha através de ferramentas de reunião em linha, como o skype, pelo facto de os participantes estarem localizados fora dos Países Baixos (o país de residência do investigador). A dimensão da amostra na investigação qualitativa era irrelevante, uma vez que o objetivo era que os participantes fossem avaliados com base na sua capacidade de fornecer informações ricas, em vez de serem representativos de um grande grupo *(Slevitch, 2011)*.

Os critérios que se seguem foram desenvolvidos para garantir que qualquer participante na investigação possui as qualificações adequadas em termos de conhecimentos e anos de experiência na gestão de serviços de telecomunicações, bem como a consciência da tecnologia de cadeias de blocos para validar a conceção da solução:

QUADRO 1 - CRITÉRIOS DE SELECÇÃO DOS PARTICIPANTES NA INVESTIGAÇÃO

Criterion	Requirement
Experience in telecommunications service management or governance.	5 years or more of participation in telecommunications service management processes either as a user, manager or in a governance role.
Familiarity with blockchain technology.	Awareness of the basic concepts of blockchain technology.
Familiarity with ITIL standards and terminologies.	Understanding of "Event management" process and the needed transactions to fulfill it as per ITIL standards.
Approval to share the interview transcript.	Consent to conduct the interview and share its contents.

Para efeitos desta investigação, todos os participantes foram selecionados com base na sua experiência na área da gestão de serviços de telecomunicações e na sua compreensão dos conhecimentos e informações apresentados pelo guia de operação de serviços ITIL. O investigador baseou-se na sua relação com grupos de especialistas na área das telecomunicações para participar nesta investigação. Todos os participantes tinham pelo menos cinco anos de experiência no sector das telecomunicações, implementando vários processos de gestão de serviços de telecomunicações.

A análise de uma breve biografia de cada candidato facilitou a seleção dos participantes nesta investigação. O Quadro 2 ilustra o cargo e os anos de experiência dos participantes nesta investigação.

QUADRO 2 - PARTICIPANTES NA INVESTIGAÇÃO

Coded Name	Years of Experience	Position
A	19	Corporate Operational Excellence Manager
B	11	Technical Support Senior Supervisor
C	12	Network Operations Senior Supervisor
D	20	Transmission Operations Manager
E	13	IP Backbone Network Operations Manager
F	13	IT Presales Manager

PROCEDIMENTOS DE RECOLHA DE DADOS

Existem dois métodos de recolha de dados nesta investigação qualitativa, a análise de documentos e as entrevistas. Os principais documentos deste estudo foram o guia de operação de serviços ITIL, o processo de gestão de serviços e o processo de gestão de eventos. O investigador utilizou a base de dados Google scholar e a base de dados Mendeley como principal fonte de literatura científica relacionada com o tema da investigação. O investigador também teve acesso a muitas páginas Web, blogues e fóruns relacionados com a tecnologia de cadeias de blocos e as suas várias aplicações. O investigador utilizou a lista de referências no final de cada artigo como fonte de outros artigos científicos e/ou livros relacionados com o tema desta investigação.

PROTOCOLO DE ENTREVISTA

Para realizar as entrevistas com os participantes, o investigador contactou cada participante (através de uma chamada telefónica) e obteve a sua aprovação para participar na investigação *(Murtezaj, 2011)*. O consentimento informado individual foi enviado a cada participante por correio eletrónico, para ilustrar a finalidade e o objetivo do estudo, os direitos do participante e o facto de os dados recolhidos serem utilizados apenas para efeitos da investigação. O participante tinha o direito de se retirar da entrevista e da participação nesta investigação em qualquer altura. Os dados recolhidos foram utilizados apenas para efeitos desta investigação e foram armazenados de forma segura numa base de dados concebida para o efeito e não foram partilhados nem utilizados por qualquer outra entidade *(Sun, 2009)*.

Cada participante foi contactado por correio eletrónico e telefone para marcar a data e a hora adequadas para a entrevista. Um dia antes da data marcada para a entrevista, o investigador contactou o participante para confirmar a entrevista ou para remarcar a data da entrevista *(Murtezaj, 2011)*. No início de cada entrevista, o investigador explicou ao participante o objetivo da investigação, o resultado esperado da entrevista e os direitos do participante *(Murtezaj, 2011)*. Cada entrevista foi planeada para durar 90 minutos e a língua da entrevista foi o árabe - por ser a língua materna do investigador e dos participantes - exceto no que diz respeito aos termos técnicos, que foram explicitamente expressos em inglês. Os participantes tinham o direito de selecionar a data e a hora da entrevista.

ANÁLISE DE DADOS

Uma das caraterísticas mais importantes da análise de dados qualitativos é o facto de, na investigação qualitativa, o foco estar no texto e não nos números, como na investigação quantitativa *(Schutt, 2011)*. A análise de dados na investigação qualitativa é rica em texto *(Sun, 2009)*. A análise de dados qualitativos tende a ser indutiva *(Schutt, 2011)*. Na investigação qualitativa, a fase de análise de dados é iterativa e começa com a fase de recolha de dados e a redação dos resultados *(Creswell, 2014)*. Os passos seguintes foram utilizados para analisar os dados recolhidos durante a fase de recolha de dados:

1. Etapa 1: Organização dos dados. Nesta etapa, todos os dados que foram recolhidos durante a fase de recolha de dados foram organizados em quatro categorias principais: (a) dados relacionados com a tecnologia de cadeia de blocos, tais como os seus conceitos básicos, caraterísticas e história, (b) dados relacionados com as aplicações da tecnologia de cadeia de blocos, quer sejam aplicações financeiras ou não financeiras, (c) dados relacionados com a conceção de Sistemas de Apoio às Operações (OSS), e (d) os processos de gestão de serviços que se pretende implementar através da conceção e dos documentos de descrição do processo de apoio, como o guia ITIL.

2. Etapa 2: Revisão de alto nível. Esta etapa incluiu uma revisão rápida de todo o material recolhido durante a fase de recolha de dados. O objetivo era determinar que documentos eram úteis para o objetivo da investigação. Esta etapa também incluiu a criação de uma lista restrita dos candidatos a participantes nesta investigação e a criação da conceção preliminar da solução.

3. Etapa 3: Codificação. Os resultados das entrevistas e da análise dos documentos foram agrupados em categorias e receberam um rótulo. Por exemplo, uma parte dos participantes tinha preocupações sobre a conceção de diferentes perspectivas. As preocupações foram classificadas como técnicas, arquitectónicas ou gerais.

4. Etapa 4: Descrição. O objetivo desta etapa era gerar informações detalhadas sobre a apresentação e desenvolver temas ou categorias gerais que constituíssem os principais melhoramentos da conceção durante as iterações da conceção e que constituíssem a

principal conclusão da investigação na iteração final.

5. Etapa 5: Interpretação. Esta etapa envolveu a interpretação dos resultados obtidos na etapa 4, o que incluiu a ligação dos resultados às questões de investigação. Esta etapa incluiu sugestões de novas questões e possíveis oportunidades de investigação futura para cobrir os pontos que não foram abordados nesta investigação. A interpretação inclui os factores que foram mais cruciais para a validação da conceção *(Creswell, 2014)*.

As entrevistas não foram gravadas porque os participantes se recusaram a gravar as reuniões com eles. O investigador preparou um documento impresso com o diagrama e a descrição da conceção. Após cada entrevista, o investigador actualizou o documento com as ideias e recomendações que surgiram durante a entrevista e utilizou o documento atualizado na entrevista seguinte. Como parte da análise dos dados, o investigador comparou as ideias e recomendações de cada participante com as ideias e recomendações de outros participantes e com os dados recolhidos nos artigos de investigação e livros.

Conceitos da ciência do design para sistemas de informação

Uma questão que deve ser abordada na investigação em ciências do design é a diferenciação entre o design de rotina ou a construção de sistemas e a investigação em design. A diferença reside na natureza dos problemas e das soluções. A conceção de rotina é a aplicação de conhecimentos existentes a problemas organizacionais, como a construção de um sistema de informação financeira ou de marketing utilizando artefactos de melhores práticas (construções, modelos, métodos e instanciações) existentes na base de conhecimentos. Por outro lado, a investigação em ciências da conceção aborda problemas importantes não resolvidos de formas únicas ou inovadoras ou problemas resolvidos de formas mais eficazes ou eficientes. O principal fator de diferenciação entre o design de rotina e a investigação em design é a identificação clara de uma contribuição para a base de conhecimentos arquivados de fundamentos e metodologias *(Hevneretal. 2004)*.

Com base na diferenciação acima, esta pesquisa visa resolver os problemas existentes de gerenciamento de serviços usando a tecnologia blockchain por meio de métodos de pesquisa de ciência de design, a estrutura de pesquisa de sistemas de informação a especificou na figura 1 abaixo.

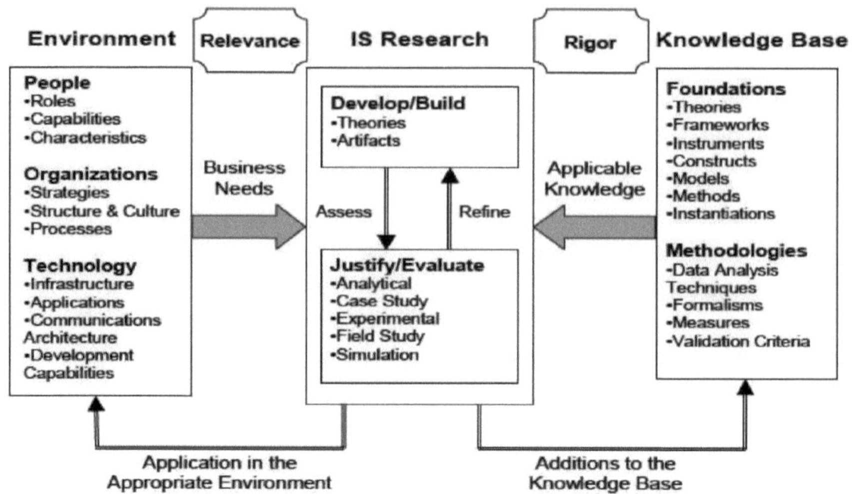

FIGURA 2 - QUADRO DE INVESTIGAÇÃO SOBRE SISTEMAS DE INFORMAÇÃO

A ciência do design é, por natureza, um processo de resolução de problemas. *(Hevner et. al, 2004)* derivaram sete diretrizes do princípio fundamental de que o conhecimento e a compreensão de um problema de design e da sua solução são adquiridos na construção e aplicação de um artefacto. O Quadro 3 apresenta as sete diretrizes e as suas descrições:

QUADRO 3 - ORIENTAÇÕES PARA A INVESTIGAÇÃO CIENTÍFICA EM MATÉRIA DE CONCEPÇÃO

Guideline	Description
Guideline 1: Design as an Artifact	Design-science research must produce a viable artifact in the form of a construct, a model, a method, or an instantiation.
Guideline 2: Problem Relevance	The objective of design-science research is to develop technology-based solutions to important and relevant business problems.
Guideline 3: Design Evaluation	The utility, quality, and efficacy of a design artifact must be rigorously demonstrated via well-executed evaluation methods.
Guideline 4: Research Contributions	Effective design-science research must provide clear and verifiable contributions in the areas of the design artifact, design foundations, and/or design methodologies.
Guideline 5: Research Rigor	Design-science research relies upon the application of rigorous methods in both the construction and evaluation of the design artifact.
Guideline 6: Design as a Search Process	The search for an effective artifact requires utilizing available means to reach desired ends while satisfying laws in the problem environment.
Guideline 7: Communication of Research	Design-science research must be presented effectively both to technology-oriented as well as management-oriented audiences.

Os artefactos informáticos são definidos como inovações que definem as ideias, as práticas, as capacidades técnicas e os produtos através dos quais a análise, a conceção, a implementação e a utilização dos sistemas de informação podem ser realizadas de forma eficaz e eficiente *(Denning 1997; Tsichritzis 1998)*.

AVALIAÇÃO DA CONCEÇÃO

A avaliação é uma componente crucial do processo de investigação. O ambiente empresarial estabelece os requisitos em que se baseia a avaliação do artefacto *(Hevner et. al, 2004)*.

O quadro 4 apresenta os métodos de avaliação da conceção e as respectivas descrições:

QUADRO4- MÉTODOS DE AVALIAÇÃO DA CONCEPÇÃO E RESPECTIVAS DESCRIÇÕES

1. Observational	Case Study: Study artifact in depth in business environment
	Field Study: Monitor use of artifact in multiple projects
2. Analytical	Static Analysis: Examine structure of artifact for static qualities (e.g., complexity)
	Architecture Analysis: Study fit of artifact into technical IS architecture
	Optimization: Demonstrate inherent optimal properties of artifact or provide optimality bounds on artifact behavior
	Dynamic Analysis: Study artifact in use for dynamic qualities (e.g., performance)
3. Experimental	Controlled Experiment: Study artifact in controlled environment for qualities (e.g., usability)
	Simulation – Execute artifact with artificial data
4. Testing	Functional (Black Box) Testing: Execute artifact interfaces to discover failures and identify defects
	Structural (White Box) Testing: Perform coverage testing of some metric (e.g., execution paths) in the artifact implementation
5. Descriptive	Informed Argument: Use information from the knowledge base (e.g., relevant research) to build a convincing argument for the artifact's utility
	Scenarios: Construct detailed scenarios around the artifact to demonstrate its utility

O método de avaliação da conceção desta investigação será o método observacional com recurso a um estudo de caso em que os profissionais de gestão de serviços participarão na investigação e em que a solução será estudada em profundidade no seu ambiente empresarial.

A ciência do design é inerentemente iterativa. A procura da melhor conceção, ou da conceção óptima, é frequentemente intratável para problemas realistas de sistemas de informação *(Hevner et. al, 2004)*.

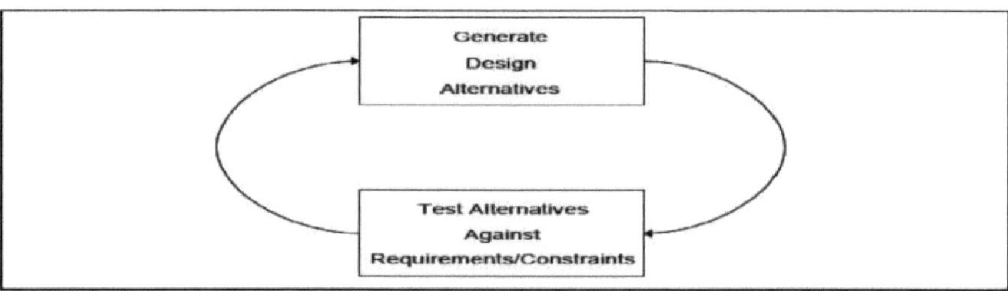

FIGURA 3 - O CICLO DE GERAÇÃO/ENSAIO

Por conseguinte, as etapas da investigação são as seguintes:

1- Desenvolver uma solução de cadeia de blocos que possa lidar com as transacções de queixas de clientes, bilhetes de problemas, ordens de trabalho e pedidos de apoio ao cliente que satisfaçam os requisitos do processo existente.
2- Realizar entrevistas com avaliadores profissionais (Utilizadores e gestores) para validar e rever a conceção utilizando um estudo de caso sobre o processo de "Gestão de eventos" de acordo com a estrutura ITIL.
3- Analisar os resultados das entrevistas para aperfeiçoar a conceção.
4- Repetir as etapas 2, 3 e 4, até à validação final por revisores profissionais.
5- Analisar os resultados das entrevistas finais para concluir a investigação.

Capítulo 4

A conceção

Descrição do projeto

Com base nos requisitos e nas considerações de conceção, a topologia do sistema de gestão de serviços foi concebida de acordo com a figura 2 abaixo, em que as quatro bases de dados centralizadas para as reclamações dos clientes, os bilhetes de problemas, as ordens de trabalho e os pedidos de apoio ao cliente são substituídos por quatro nós de mineração totalmente interligados numa topologia de malha completa e também ligados à intranet da organização. Isto permite a conetividade com os computadores existentes no centro de operações de rede (NOC) e no sistema de gestão de rede (NMS) e o acesso através da Internet utilizando aplicações web ou móveis.

Uma das primeiras decisões a tomar quando se estabelece uma cadeia de blocos privada é sobre a arquitetura de rede do sistema. As cadeias de blocos chegam a um consenso sobre o seu livro-razão, a lista de transacções verificadas, através da comunicação, e é necessária comunicação para escrever e aprovar novas transacções. Esta comunicação ocorre entre nós, cada um dos quais mantém uma cópia do livro-razão e informa os outros nós de novas informações: transacções recentemente submetidas ou recentemente verificadas. Os operadores da Blockchain privada podem controlar quem está autorizado a operar um nó, bem como a forma como esses nós estão ligados; um nó com mais ligações receberá informações mais rapidamente. Da mesma forma, os nós podem ser obrigados a manter um certo número de conexões para serem considerados activos. Um nó que restrinja a transmissão de informações, ou que transmita informações incorrectas, deve ser identificável e contornável para manter a integridade do sistema. *(Berke, 2017)*

Outra preocupação de segurança no estabelecimento da arquitetura da rede é a forma de tratar os nós não comunicativos ou intermitentemente activos. Os nós podem ficar offline por razões inócuas, mas a rede tem de ser estruturada para funcionar (para obter consenso sobre transacções previamente verificadas e para verificar corretamente novas transacções) sem os nós offline, e tem de ser capaz de rapidamente trazer esses nós de volta à velocidade se eles regressarem. *(Berke, 2017)*

O anteprojeto

Como ponto de partida para a conceção, o investigador consultou o documento ITU-T; Princípios para uma rede de gestão de telecomunicações M3010, o documento indicava que a relação geral de uma TMN com uma rede de telecomunicações é a seguinte

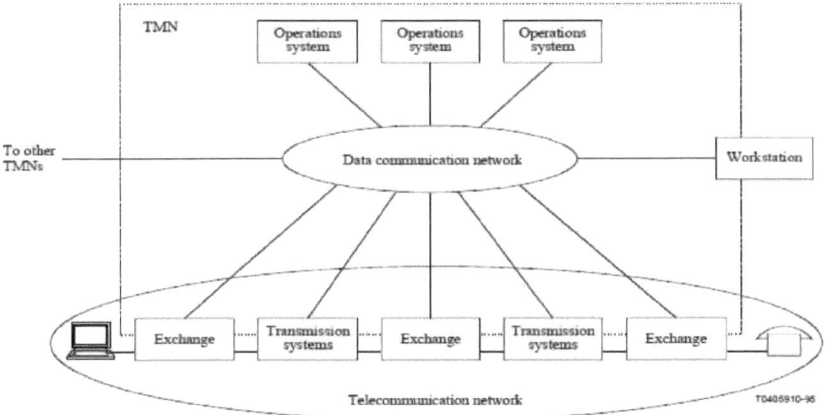

FIGURA 4 - RELAÇÃO GERAL DE UMA TMN COM UMA REDE DE TELECOMUNICAÇÕES

Com base nos argumentos acima expostos, a topologia de malha completa foi escolhida como uma caraterística arquitetónica fundamental no núcleo da solução, tal como ilustrado na figura abaixo. Além disso, as API devem permitir a conetividade com dois nós centrais para assegurar a aplicação de redundância adequada, a fim de garantir a melhor utilização da caraterística de robustez oferecida pela tecnologia de cadeia de blocos.

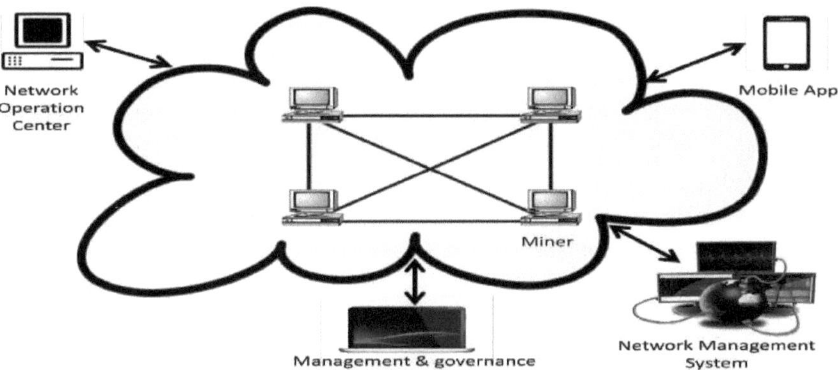

FIGURA 5 - PRIMEIRA VERSÃO DA TOPOLOGIA DA SOLUÇÃO DE GESTÃO DE SERVIÇOS

Capítulo 5

RESULTADOS E ANÁLISE DAS ITERAÇÕES DE CONCEÇÃO

ANÁLISE DESCRITIVA

Na primeira iteração da avaliação da conceção, o Entrevistado salientou a importância de diferenciar a base de dados do SAO e a base de dados do SGN. O Entrevistado também afirmou, depois de rever o diagrama de conceção, que uma base de dados blockchain pode substituir uma base de dados relacional existente no OSS e satisfazer os mesmos requisitos do sistema, podendo assim facilitar a implementação do processo de "gestão de eventos".

O entrevistado afirmou ainda que os principais inconvenientes da utilização da tecnologia de cadeia de blocos em vez das tecnologias existentes se prendem sobretudo com o desempenho técnico da base de dados:

1- O débito da base de dados, que é o número de transacções por segundo que a base de dados pode gerir. Para esta aplicação específica, o utilizador solicitou que a solução fosse capaz de gerir um débito de 20 transacções por segundo.
2- O tempo de acesso à base de dados e a extração de alguma informação básica sobre cada bloco, bem como a medição do seu tempo de acesso/pesquisa.

O Entrevistado também declarou quais são os benefícios percebidos da utilização da tecnologia de cadeia de blocos em vez das tecnologias existentes:

1- A complexidade da partilha de credenciais pessoais para que os indivíduos efectuem transacções em nome uns dos outros garante a total responsabilização de cada pessoa ou entidade pela sua conta e respectivas transacções, o que minimiza os conflitos entre equipas e facilita a resolução de conflitos.
2- A base de dados funcionará como repositório do historial operacional de todas as operações efectuadas no âmbito dos processos que facilita e esse historial torna-se inviolável.

O Entrevistado referiu ainda que as possíveis modificações ou pormenores técnicos para tornar esta solução mais adequada à implementação do processo de gestão de eventos são

1- Arquitetónico: Colocar a solução numa visão mais ampla onde a interconectividade com o NMS & EMS é representada no diagrama da solução.
2- Técnica: a pormenorização das especificações técnicas dos nós mineiros garante a capacidade técnica para processar as transacções.

Vale a pena mencionar que o entrevistado estava preocupado com a taxa de transferência, uma vez que as cadeias de blocos de grande escala, por exemplo, a bitcoin, têm uma taxa de transacções muito baixa, de apenas 7 transacções por segundo. As cadeias de blocos privadas, por outro lado, podem ser configuradas de forma a permitir taxas de transferência de transacções elevadas, sendo a única limitação o nó mais fraco da rede. Numa cadeia de blocos privada Ethereum, pode-se configurar a cadeia de blocos com um número muito elevado para permitir uma maior taxa de transferência de transacções do que a encontrada na cadeia pública Ethereum. O cliente Parity pode, por exemplo, efetuar ~3000 transacções por segundo num computador portátil normal em modo de cadeia privada .[15]

Assim, tendo em conta os resultados da primeira entrevista, o diagrama do sistema é atualizado de modo a ficar como se mostra na Figura 6 - segunda versão da topologia da solução de gestão de serviços:

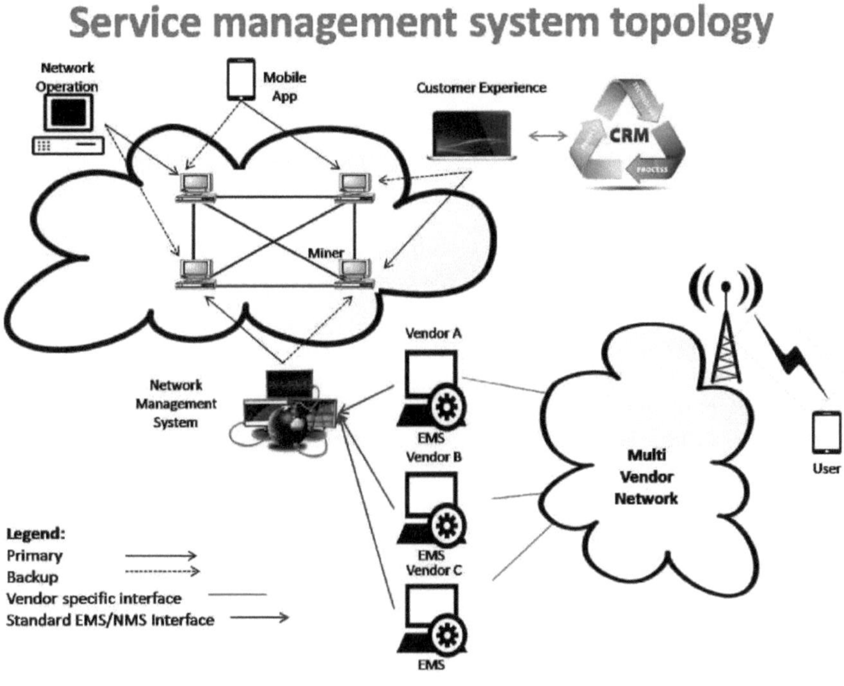

FIGURA 6 - SEGUNDA VERSÃO DA TOPOLOGIA DA SOLUÇÃO DE GESTÃO DE SERVIÇOS

O algoritmo de hashing mais comum e amplamente utilizado em aplicações de blockchain é

15.https://blog.slock.it/public-vs-private-chain-7b7ca45044f

o SHA 256, e o tipo mais comum de mineradores utilizados é o 500 GigaHashes/sec.

QUADRO 5 - ESPECIFICAÇÕES TÉCNICAS DA PRIMEIRA ITERAÇÃO

System Element	Specification
Mining Nodes	20 transactions per second
	500 Giga Hash per second
Hashing Algorithm	SHA 256

Na segunda iteração da avaliação da conceção, o Entrevistado salientou a importância do rendimento da base de dados do OSS. Depois de rever o diagrama de conceção, o Entrevistado também concordou que uma base de dados de cadeias de blocos pode substituir uma base de dados relacional existente no OSS e satisfazer os mesmos requisitos do sistema, podendo assim facilitar a implementação do processo de "gestão de eventos".

O entrevistado afirmou ainda que os principais inconvenientes da utilização da tecnologia de cadeia de blocos em vez das tecnologias existentes se prendem sobretudo com o desempenho técnico da base de dados:

1- A latência da base de dados, que é o tempo que decorre entre o início da transação e a sua aprovação e inclusão num bloco. Cada bloco na cadeia de blocos Bitcoin demora 10 minutos a ser processado. Para uma segurança suficiente, é preferível esperar cerca de uma hora, dando a mais nós tempo para confirmar a transação. Em comparação, uma transação na rede Visa é aprovada em segundos, no máximo. Muitas aplicações financeiras necessitam de uma latência de 30 a 100 ms. Com base nos requisitos declarados, o utilizador determinou que uma latência de 5 minutos é aceitável para esta aplicação.
2- O armazenamento subjacente da cadeia de blocos tem apenas um suporte limitado para o acesso aos dados. Além disso, os dados das cadeias de blocos são altamente comprimidos antes de serem armazenados no disco rígido, o que torna mais difícil ter uma visão deste valioso conjunto de dados. Isto requer uma camada de consulta eficiente para fornecer primitivas de consulta altamente eficientes para analisar dados de cadeia de blocos, que podem ser integrados com outras aplicações com muita flexibilidade. Além disso, esta camada de consulta também é necessária para fornecer diferentes níveis de abstração, que são adequados para analistas de dados, gestores e programadores de aplicações.

O Entrevistado também afirmou que os benefícios percebidos da utilização da tecnologia de cadeia de blocos em vez das tecnologias existentes são

1- A maior robustez da solução, uma vez que não existe um ponto único de falha, como acontece quando se utiliza uma base de dados relacional centralizada, pois o nível de tolerância a falhas oferecido pela cadeia de blocos pode ser difícil de alcançar utilizando outros métodos.

2- A camada de consulta fornecerá novas possibilidades para a análise de dados e a criação de relatórios.

O Entrevistado referiu ainda que as possíveis modificações ou pormenores técnicos para tornar esta solução mais adequada à implementação do processo de gestão de eventos são

1- Arquitetónico: Colocação de uma camada de consulta entre os nós mineiros para gerir as autorizações de acesso à base de dados, análise de dados e personalização e geração de relatórios.
2- Técnica: aditar a especificação de latência da base de dados de 5 minutos, com base no SLA do processo de gestão de eventos existente.

Assim, tendo em conta os resultados da segunda entrevista, o diagrama do sistema é atualizado de modo a ficar como se mostra na Figura 7 - terceira versão da topologia da solução de gestão de serviços:

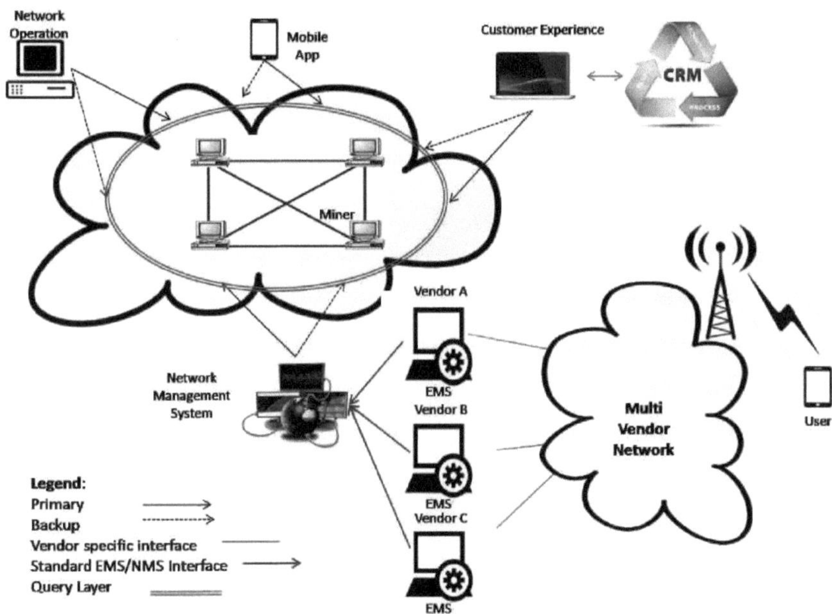

FIGURA 7 - TERCEIRA VERSÃO DA TOPOLOGIA DA SOLUÇÃO DE GESTÃO DE SERVIÇOS

QUADRO 6 - ESPECIFICAÇÕES TÉCNICAS DA SEGUNDA ITERAÇÃO

System Element	Specification
Mining Nodes	20 transactions per second
	500 Giga Hash per second
Hashing Algorithm	SHA 256
Database Latency	5 minutes

Na terceira iteração da avaliação da conceção, o Entrevistado salientou a importância do protocolo de consenso nesta cadeia de blocos privada. O Entrevistado também afirmou que, depois de rever o diagrama de conceção, concordou que uma base de dados de cadeia de blocos pode substituir uma base de dados relacional existente no OSS e satisfazer os mesmos requisitos do sistema, podendo assim facilitar a implementação do processo de "gestão de eventos".

O entrevistado afirmou ainda que os inconvenientes mais prováveis da utilização da tecnologia de cadeia de blocos em vez das tecnologias existentes se prendem sobretudo com o apoio técnico e a administração da base de dados:

1- Os custos de apoio e manutenção da administração e manutenção da base de dados da cadeia de blocos. Ao longo da discussão com o Entrevistado, os recursos existentes para a administração e manutenção podem estar disponíveis na organização, mas terão de ter uma formação alargada sobre a tecnologia blockchain. Por outro lado, as outras tecnologias de bases de dados utilizadas estão em fase de maturidade e os recursos humanos necessários com qualificações adequadas para a administração e manutenção da base de dados estão disponíveis sem novas necessidades de formação.
2- O atraso causado pelo processamento necessário para o consenso dos nós envolvidos na obtenção do consenso.

O Entrevistado também afirmou que os benefícios percebidos da utilização da tecnologia de cadeia de blocos em vez das tecnologias existentes são

1- A base de dados blockchain contém um rasto auditável de transacções assinadas que permite a todos os intervenientes no processo estabelecer que todas as acções foram autorizadas e aprovadas pelas entidades cujos dados foram afectados.
2- A imutabilidade da base de dados contra a manipulação ou a pirataria informática, que são possíveis quando se utiliza uma base de dados relacional.

O Entrevistado referiu ainda que as possíveis modificações ou pormenores técnicos para tornar esta solução mais adequada à implementação do processo de gestão de eventos são

1- Arquitetura: Nenhum

2- Técnica: recomenda-se a utilização do protocolo de consenso ripple para o mecanismo de consenso nesta cadeia de blocos privada.

Assim, tendo em conta os resultados da terceira entrevista, o diagrama do sistema não deve ser atualizado, mantendo-se igual ao representado na Figura 7 - terceira versão da topologia da solução de gestão de serviços.

QUADRO 7 - ESPECIFICAÇÕES TÉCNICAS DA TERCEIRA ITERAÇÃO

System Element	Specification
Mining Nodes	20 transactions per second
	500 Giga Hash per second
Hashing Algorithm	SHA 256
Database Latency	5 minutes
Consensus protocol	Ripple consensus protocol

Na quarta iteração da avaliação da conceção, o Entrevistado salientou a importância das caraterísticas de contrato inteligente da tecnologia de cadeia de blocos na automatização desse processo. O Entrevistado também afirmou que, depois de rever o diagrama de conceção, concordou que uma base de dados de cadeias de blocos pode substituir uma base de dados relacional existente no OSS e satisfazer os mesmos requisitos do sistema, podendo assim facilitar a implementação do processo de "gestão de eventos".

O entrevistado também afirmou que existem algumas considerações que devem ser tidas em conta pelos vários fornecedores que prestam serviços de gestão de redes quando utilizam a tecnologia de cadeias de blocos em vez das tecnologias existentes:

1- Quando vários fornecedores são contratualmente obrigados a trabalhar em conjunto, cada um tende a utilizar os seus sistemas e bases de dados próprios, tem de ser claramente mencionado no contrato de serviços geridos que uma base de dados de cadeias de blocos comum será também utilizada pelos outros fornecedores sem administração central de qualquer fornecedor específico sobre a base de dados.
2- As funcionalidades dos contratos inteligentes que podem ser utilizadas para automatizar o processo têm de ser rigorosamente analisadas e mutuamente acordadas entre todas as partes interessadas no processo, para garantir que reflectem verdadeiramente a lógica comercial do processo e que o implementam com precisão, uma vez que qualquer discrepância entre os processos acordados e a implementação das funcionalidades dos contratos inteligentes pode ter consequências drásticas, especialmente no cálculo das penalizações contratuais, devido a violações do nível de serviço ou à degradação dos indicadores-chave de desempenho.

O Entrevistado também afirmou que os benefícios percebidos da utilização da tecnologia de cadeia de blocos em vez das tecnologias existentes são

1- A existência de uma base de dados única, imune à manipulação por qualquer utilizador, fornece uma versão única e indiscutível da verdade e pode ser sempre consultada com equidade e transparência, o que minimiza a probabilidade de conflitos devido à existência de dados provenientes de fontes diferentes.
2- A utilização de uma solução de cadeia de blocos reforçará a confiança entre as diferentes equipas, uma vez que a partilha de dados em benefício do cliente e a melhoria dos serviços incentivará uma cultura de abertura e transparência, a cultura da culpabilização e do apontar de dedos diminuirá e será substituída pela cooperação.

O Entrevistado referiu ainda que as possíveis modificações ou pormenores técnicos para tornar esta solução mais adequada à implementação do processo de gestão de eventos são

1- Arquitetura: Nenhum
2- Técnica: Acrescentar funcionalidades de contratos inteligentes às especificações técnicas da solução para implementar a lógica comercial do processo quando se verificam determinadas condições pré-especificadas de execução.

Por conseguinte, tendo em conta os resultados da quarta entrevista, o diagrama do sistema não deve ser atualizado para permanecer igual ao representado na figura 5, mas as especificações técnicas da solução devem ser actualizadas para incluir caraterísticas de contrato inteligente da tecnologia de cadeia de blocos para implementar a lógica comercial do processo.

QUADRO 8 - ESPECIFICAÇÕES TÉCNICAS DA QUARTA ITERAÇÃO

System Element	Specification
Mining Nodes	20 transactions per second
	500 Giga Hash per second
Hashing Algorithm	SHA 256
Database Latency	5 minutes
Consensus protocol	Ripple consensus protocol
Software	Smart Contract features

Na quinta iteração da avaliação da conceção, o Entrevistado salientou a importância de especificar os requisitos de ligação em rede que interligam os elementos da solução. Depois de rever o diagrama de conceção, o Entrevistado também afirmou concordar que uma base de dados de cadeias de blocos pode substituir uma base de dados relacional existente no OSS e satisfazer os mesmos requisitos do sistema, podendo assim facilitar a implementação do processo de "gestão de eventos".

O Entrevistado também afirmou que existem algumas considerações que devem ser tidas em conta na conceção da rede utilizada para os serviços de gestão da rede quando se utiliza a tecnologia de cadeia de blocos em vez das existentes:

1- Assegurar a redundância total das ligações entre os diferentes elementos do sistema para garantir a interconectividade em caso de falha de uma única ligação.
2- A largura de banda dos links utilizados nas interconexões da solução deve atender a taxa de transações e o tráfego entre os nós centrais da solução, ele sugeriu 30 Mbps como largura de banda mínima entre os nós mineradores.

O Entrevistado também afirmou que os benefícios percebidos da utilização da tecnologia de cadeia de blocos em vez das tecnologias existentes são

1- Ter uma base de dados à prova de adulteração dá uma credibilidade muito elevada aos dados nela contidos, especialmente quando os dados têm de ser apresentados a agências governamentais ou reguladoras.
2- A utilização de múltiplas soluções de cadeia de blocos em toda a organização criará um novo modelo de arquitetura de dados empresariais, criado em torno da integridade de dados imutáveis e auditáveis e de controlos de processos. Pelo contrário, os sistemas actuais permitem que muitos dados sejam transmitidos entre diferentes sistemas sob a forma de ficheiros simples, ou seja, descargas de dados, ficheiros de registo, etc., que expõem os dados frequentemente em formato de texto em bruto, permitindo a interceção, a corrupção e a manipulação ou explorações manuais, como a injeção de dados, etc.

O Entrevistado referiu ainda que as possíveis modificações ou pormenores técnicos para tornar esta solução mais adequada à implementação do processo de gestão de eventos são

1- Arquitetural: Nenhuma modificação, exceto a consideração da redundância da rede para a comunicação entre os elementos da solução.
2- Técnica: Acrescentar especificações de rede que garantam a conetividade entre os elementos da solução.

Assim, tendo em consideração os resultados da quinta entrevista, o diagrama do sistema não deve ser e deve permanecer tal como representado na Figura 7 - terceira versão da topologia da solução de gestão de serviços, e as especificações técnicas da solução devem ser actualizadas para incluir especificações de rede que garantam a conetividade entre os elementos da solução.

QUADRO 9 - ESPECIFICAÇÕES TÉCNICAS DA QUINTA ITERAÇÃO

System Element	Specification
Mining Nodes	20 transactions per second
	500 Giga Hash per second
Hashing Algorithm	SHA 256
Database Latency	5 minutes
Consensus protocol	Ripple consensus protocol
Software	Smart Contract features
Network bandwidth	30 Mbps

Na sexta iteração da avaliação da conceção, o Entrevistado salientou a importância de especificar os protocolos de rede nas ligações que interligam os elementos da solução. O Entrevistado também afirmou que, após a revisão do diagrama de conceção, concordou que uma base de dados blockchain pode substituir uma base de dados relacional existente no OSS e satisfazer os mesmos requisitos do sistema e, consequentemente, pode facilitar a implementação do processo de "gestão de eventos".

O Entrevistado também afirmou que existem algumas considerações que devem ser tidas em conta na conceção da rede utilizada para os serviços de gestão da rede quando se utiliza a tecnologia de cadeia de blocos em vez das tecnologias existentes. As considerações que mencionou são:

1- A substituição dos quatro nós de mineração totalmente interconectados por um pool de mineração explora uma das principais vantagens da tecnologia blockchain, que é a escalabilidade. A utilização de um pool permite escalar o sistema de acordo com as necessidades exactas da organização, permitindo que seja utilizado para outros processos dentro da organização.

2- Especificar os protocolos de rede utilizados nas ligações utilizadas na solução, sendo o protocolo SNMP utilizado nas ligações que interligam os sistemas de gestão dos elementos com os nós da rede multifornecedores e o protocolo SOAP nas ligações que interligam os sistemas de gestão dos elementos e o sistema de gestão da rede.

3- Mudar o nome da "camada de consulta" existente para "camada de acesso aos dados", uma vez que nesta camada as autorizações e os privilégios dos utilizadores podem ser definidos e administrados e também apresenta os dados extraídos da base de dados à camada de aplicação, onde os utilizadores os podem ver através das diferentes aplicações.

O entrevistado também exigiu a representação de uma arquitetura gráfica do sistema em camadas, juntamente com a topologia e as especificações técnicas. A arquitetura em camadas está representada na Figura 8 - A arquitetura em camadas abaixo:

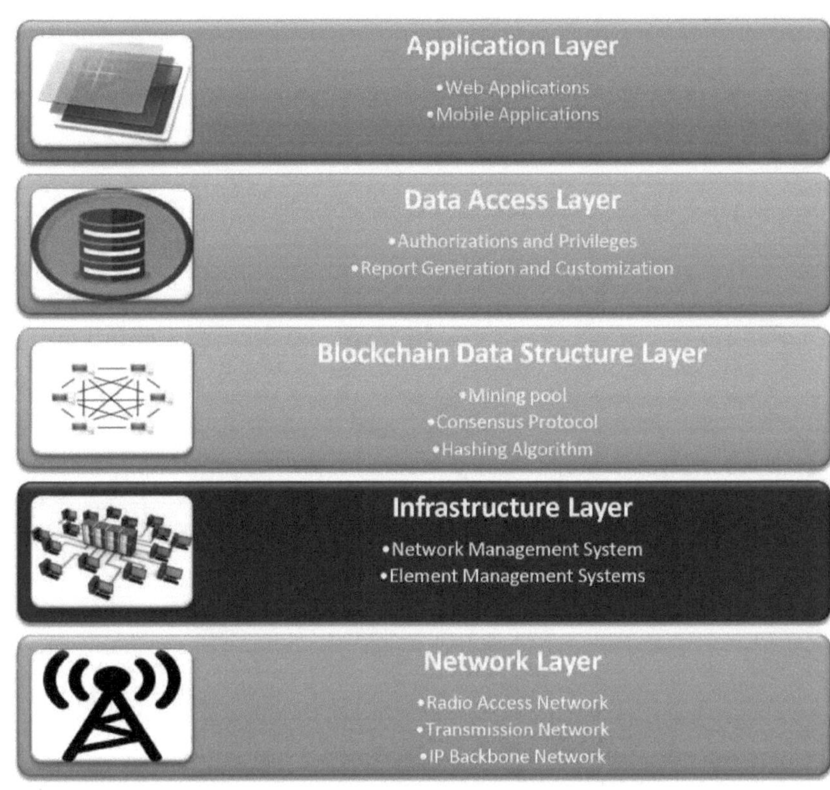

FIGURA 8 - A ARQUITECTURA EM CAMADAS

Na arquitetura em camadas da solução acima descrita, cada camada identifica os componentes da camada que têm de ser especificados.

O Entrevistado referiu ainda que as possíveis modificações ou pormenores técnicos para tornar esta solução mais adequada à implementação do processo de gestão de eventos são

1- Arquitetura: representar graficamente a arquitetura em camadas da solução, substituir os nós mineiros por um pool mineiro para explorar a escalabilidade da solução e mudar o nome da camada de consulta para "camada de acesso aos dados".
2- Técnica: Acrescentar os protocolos de rede nas interfaces existentes na solução.

Assim, tendo em conta os resultados da sexta entrevista, o diagrama do sistema deve ser atualizado de modo a incluir o pool mineiro em vez dos quatro nós mineiros totalmente interligados, e as especificações técnicas da solução devem ser actualizadas de modo a incluir protocolos de ligação em rede que garantam a conetividade entre os elementos da solução.

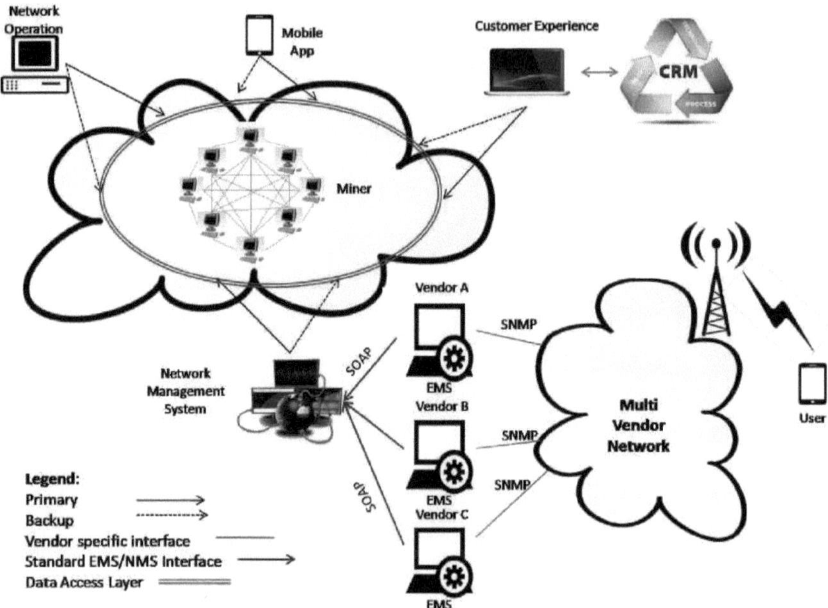

FIGURA 9 - QUINTA VERSÃO DA TOPOLOGIA DA SOLUÇÃO DE GESTÃO DE SERVIÇOS

QUADRO 10 - ESPECIFICAÇÕES TÉCNICAS DA SEXTA ITERAÇÃO

System Element	Specification
Mining Nodes	20 transactions per second
	500 Giga Hash per second
Hashing Algorithm	SHA 256
Database Latency	5 minutes
Consensus protocol	Ripple consensus protocol
Software	Smart Contract features
Network bandwidth	30 Mbps
Northbound interface protocol	SOAP
Southbound interface protocol	SNMP

Fiabilidade dos resultados

A validade da investigação tem um significado diferente na investigação qualitativa, por oposição ao seu significado na investigação quantitativa. Na investigação quantitativa, a validade acompanha o exame da estabilidade ou da generalização, ao passo que na investigação qualitativa, a validade significa que o investigador verifica a exatidão dos resultados através de um determinado procedimento *(Creswell, 2014)*. Na investigação quantitativa, a principal preocupação do estudo é a validade e a fiabilidade do instrumento, enquanto a investigação qualitativa se centra na credibilidade e na utilidade *(Sun, 2009)*.

Existem duas áreas principais de preocupação relativamente à credibilidade da investigação qualitativa: os métodos rigorosos do estudo e a credibilidade do investigador *(Sun, 2009)*. Os métodos rigorosos de estudo podem ser alcançados através de procedimentos como a triangulação, a revisão pelos pares e a verificação pelos membros *(Sun, 2009)*. A credibilidade do investigador significa clarificar os preconceitos que o investigador traz para o estudo, o que pode incluir dados e informações pessoais e profissionais que afectam qualquer aspeto da investigação *(Creswell, 2014)*.

Nesta investigação qualitativa de estudo de caso, as ideias de desenvolvimento de uma solução de gestão de serviços baseada em blockchain para o sector das telecomunicações, propostas pelo investigador através da análise de documentos e seguindo a estrutura da ciência do design e as normas ITU-T para sistemas de informação, foram revistas e enriquecidas por 6 especialistas em serviços de telecomunicações. As diversas experiências e formações dos peritos selecionados permitiram a avaliação da solução a partir de diferentes perspectivas baseadas nas suas experiências e posições actuais. As perspectivas abrangidas são: Técnica, gerencial, governança, organizacional e contratual. Durante a preparação desta investigação, o trabalho do investigador foi revisto pelo Dr. Hans Le Fever (o principal supervisor desta investigação).

Papel, experiência e preconceitos do investigador

O investigador trabalha como profissional de serviços de telecomunicações desde 2005. Nove anos da sua experiência foram num fornecedor de serviços de telecomunicações, 5 anos numa função de gestão de operações de telecomunicações e 4 anos numa função de gestão de serviços e processos de telecomunicações.

Ao longo destes anos de experiência, o investigador testemunhou muitos dos desafios que se colocam às equipas e à gestão responsáveis pela prestação de serviços de telecomunicações, operação e manutenção. A exposição ao desenvolvimento, à governação e à melhoria dos processos de telecomunicações também revelou muitas das dificuldades que as equipas de gestão e governação enfrentam.

Num ambiente em que um operador subcontrata a prestação de serviços de telecomunicações a dois ou mais fornecedores, a relação entre os fornecedores assume muitas formas, uma vez que, normalmente, têm de cooperar para prestar os serviços ao operador de rede móvel ao abrigo de contratos de serviços geridos, por outro lado, estão a competir para obter uma maior área do âmbito da subcontratação disponível e evitar as rigorosas sanções contratuais em caso de violação dos níveis de serviço contratuais acordados e dos indicadores-chave de desempenho.

Num ambiente em que não existe confiança, mas em que as interações entre as diferentes entidades são inevitáveis, surgem muitos conflitos entre as diferentes equipas quando os âmbitos não estão bem definidos ou quando existem zonas cinzentas contratuais. Os conflitos e problemas surgem também devido ao facto de os fornecedores que operam as redes utilizarem sistemas proprietários de gestão dos elementos da rede e diferentes sistemas de apoio às operações; cada sistema tem a sua própria base de dados.

Do ponto de vista da gestão, há muitos casos de duplicação de trabalho quando o caso criado por um fornecedor tem de ser transferido para outro fornecedor para uma ação necessária da sua parte. Há também esforços consideráveis na validação e verificação de casos entre fornecedores para que sejam aplicadas práticas adequadas de gestão de contactos.

Do ponto de vista da governação, o acompanhamento de um único caso que exige a interação de dois ou mais fornecedores para resolver um evento de rede entre diferentes sistemas que utilizam diferentes bases de dados cria um enorme desafio de governação. Por outro lado, as diferentes bases de dados criam "diferentes versões da verdade", uma vez que existem sempre variações entre os diferentes dados afectados a diferentes bases de dados.

Outro desafio que também existe é que, quando o pessoal recebe uma ficha de problemas, uma reclamação do cliente ou uma ordem de trabalho de outro fornecedor, para poderem executar os seus processos têm de criar outra ficha de problemas, uma reclamação do cliente ou uma ordem de trabalho, respetivamente, no seu sistema proprietário. Este desafio de eficiência também pode ser ultrapassado através da utilização de uma base de dados única, em que um problema é gerido numa única via, num único sistema, utilizando uma única base de dados imune a adulterações.

Capítulo 6

Resumo e recomendações para estudos e práticas futuras

Discussão dos resultados

Para a realização desta investigação foi escolhido um quadro concetual conciso de investigação de design-science em sistemas de informação *(Hevner et al, 2004)* para desenvolver uma solução baseada em blockchain para os processos de gestão de serviços de um operador de rede móvel, onde as diretrizes de gestão de serviços ITIL são tidas em consideração. Após o estabelecimento da teoria, o desenho da investigação, a formulação do desenho preliminar, o desenho da solução e as suas especificações técnicas foram validados de forma incremental e iterativa através de entrevistas. Os dados recolhidos em cada entrevista foram analisados e utilizados para gerar o projeto para a iteração seguinte. Os resultados mostram que a tecnologia de cadeia de blocos é aplicável ao domínio da gestão de serviços do sector das telecomunicações. Os resultados também sustentam que a adoção de várias soluções de cadeia de blocos em toda a organização criará um novo modelo de arquitetura de dados empresariais, moldado em torno da integridade de dados imutáveis e auditáveis e de controlos de processos. Os resultados também mostram que a adoção da tecnologia de cadeia de blocos num ambiente de vários fornecedores tem impactos positivos no comportamento organizacional, na cultura organizacional e na eficiência. Por conseguinte, conclui-se que os resultados indicam um apoio total à tecnologia de cadeia de blocos quando utilizada como uma base de dados OSS que permite processos de gestão de serviços.

Benefícios da adoção de uma solução de cadeia de blocos privada

Esta secção apresenta os benefícios declarados da adoção de uma solução de cadeia de blocos por peritos em telecomunicações. Com base na análise, proporciona uma maior segurança e responsabilização dos utilizadores devido à utilização de chaves privadas em vez de credenciais pessoais, o que proíbe os indivíduos de efectuarem transacções em nome uns dos outros. Isto, por sua vez, garante a total responsabilização de cada pessoa ou entidade pela sua conta e respectivas transacções, o que minimiza os conflitos entre equipas e facilita a resolução de conflitos.

As caraterísticas à prova de adulteração e a imutabilidade da base de dados em relação à pirataria qualificam-na para atuar como repositório único do histórico operacional de todas as operações que foram realizadas no âmbito dos processos que facilita e esse histórico torna-se a única fonte de factos em caso de litígio ou conflito, uma vez que contém um rasto auditável de transacções assinadas. Além disso, a maior robustez oferecida pela arquitetura da cadeia de blocos, uma vez que não existe um ponto único de falha, como acontece quando se utiliza uma base de dados relacional centralizada, proporcionando à organização uma maior tolerância a falhas e medidas de continuidade empresarial mais elevadas.

Os resultados também indicam que o ecossistema empresarial sem confiança criado pela utilização da tecnologia de cadeia de blocos tem um impacto positivo em alguns parâmetros do comportamento organizacional, especialmente num ambiente de serviços geridos por vários fornecedores. A utilização de uma solução de cadeia de blocos reforçará a confiança entre as diferentes equipas, uma vez que a partilha de dados em benefício do cliente e a melhoria dos serviços incentivará uma cultura de abertura, transparência e cooperação.

Com base na análise dos resultados, pode concluir-se que as caraterísticas básicas inerentes à tecnologia de cadeia de blocos, como a imutabilidade e a desintermediação, podem resolver os desafios da gestão de serviços, como a confiança entre diferentes fornecedores, a responsabilização lúcida e menos conflitos no sector das telecomunicações.

Um dos benefícios percebidos é o surgimento de novos modelos de negócio e novos modelos de arquitetura de dados empresariais podem surgir. Estes modelos serão criados em torno da integridade de dados imutáveis e auditáveis e de controlos de processos, mas este benefício só pode ser alcançado através da utilização de múltiplas soluções de cadeia de blocos em toda a organização.

Preocupações quanto à adoção de uma solução de cadeia de blocos privada

Esta secção apresenta as preocupações manifestadas pelos peritos em telecomunicações quanto à adoção de uma solução de cadeia de blocos. Com base na análise, as principais preocupações são de carácter técnico em relação a:

1- O rendimento da base de dados, que é o número de transacções por segundo que a base de dados pode gerir.
2- O tempo de acesso à base de dados e a extração de algumas informações básicas sobre cada bloco, bem como medidas do seu tempo de acesso/pesquisa.
3- A latência da base de dados, que é o tempo que decorre entre o início da transação e a sua aprovação e confinamento num bloco.
4- O armazenamento subjacente da cadeia de blocos tem apenas um suporte limitado para o acesso aos dados. Além disso, os dados das cadeias de blocos são altamente comprimidos antes de serem armazenados no disco rígido, o que torna mais difícil ter uma visão deste valioso conjunto de dados.
5- O atraso causado pelo processamento necessário para o consenso dos nós envolvidos na obtenção do consenso.
6- Criação de redundância total nas ligações entre os diferentes elementos do sistema para garantir a interconectividade em caso de falha de uma única ligação.
7- A capacidade (largura de banda) dos links utilizados nas interconexões da solução deve

atender a taxa de transações e o tráfego entre os nós centrais da solução.

Do ponto de vista da gestão, foram manifestadas as seguintes preocupações:

1- Os custos de apoio e manutenção da administração e manutenção da base de dados da cadeia de blocos.

2- As considerações contratuais que um prestador de serviços de telecomunicações deve ter para indicar aos vendedores e fornecedores que uma base de dados comum de cadeias de blocos será utilizada também pelos outros vendedores sem administração central de qualquer vendedor específico sobre a base de dados.

3- A necessidade de revisões exaustivas das caraterísticas dos contratos inteligentes que podem ser utilizadas para automatizar o processo e que também devem ser mutuamente acordadas entre todos os intervenientes no processo para garantir que reflectem verdadeiramente a lógica comercial do processo.

CONCLUSÕES

Este estudo de caso de pesquisa qualitativa gerou um projeto para gerenciamento de serviços no setor de telecomunicações usando a tecnologia blockchain e sugeriu um conjunto de ideias para implementar processos de operação de serviço descritos no guia ITIL. Estas ideias funcionam como uma ligação entre a cadeia de blocos como tecnologia e os processos de gestão de serviços no sector das telecomunicações.

Podemos concluir que os parâmetros de conceção mais cruciais ou as principais decisões que devem ser tomadas ao conceber uma solução de cadeia de blocos privada para a gestão de serviços de um prestador de serviços de telecomunicações são:

1- A capacidade de processamento dos nós de mineração da cadeia de blocos.
2- O algoritmo de hashing.
3- A latência da base de dados.
4- O protocolo de consenso.
5- As funcionalidades de contrato inteligente do software.
6- A largura de banda da rede disponível entre os nós do sistema.

Podemos também concluir que os requisitos de TIC para implantar uma solução privada de gestão de serviços de cadeia de blocos numa infraestrutura de operador de rede móvel:

1- Um conjunto escalável de nós de mineração interligados pela Intranet da organização.
2- Uma camada de software que fornece autorizações e privilégios de utilizadores, geração e personalização de relatórios e que é acessível a partir de locais remotos, cumprindo os requisitos das políticas de segurança da informação da organização.
3- Aplicações Web e aplicações móveis que devem fornecer a GUI para que os

utilizadores tenham acesso eficiente e eficaz à base de dados.

A análise dos resultados também indica que uma solução tecnológica de blockchain privada de gestão de serviços pode ser integrada com os sistemas ERP e CRM existentes como uma solução complementar na gestão de serviços de telecomunicações.

Uma solução tecnológica de cadeia de blocos privada com caraterísticas de contrato inteligente é adequada para implementar processos baseados nos requisitos do quadro ITIL, desde que o desempenho técnico do sistema cumpra os requisitos do processo.

Recomendações para estudos futuros e implicações para a investigação

Uma das principais recomendações com grande potencial de aplicação no sector das telecomunicações é a utilização de contratos inteligentes na implementação de contratos de gestão de serviços entre operadores de redes móveis e fornecedores, especialmente quando as operações seguem o modelo operacional de serviços geridos ou quando a operação da rede é subcontratada a vários fornecedores ou subcontratantes que têm de cooperar para atingir os objectivos do processo de gestão de serviços.

Outra recomendação fundamental é o estudo da forma como podem surgir novos modelos de arquitetura de dados empresariais quando uma organização adopta soluções de cadeias de blocos em vários domínios e imigra parcialmente os actuais processos e funcionalidades essenciais realizados pelos sistemas tradicionais de ERP e CRM para sistemas baseados em cadeias de blocos.

O desempenho técnico do domínio das bases de dados de cadeias de blocos requer uma exploração aprofundada e uma expansão lateral para fornecer recursos aos investigadores e profissionais sobre a forma de definir e medir os principais indicadores de desempenho das bases de dados de cadeias de blocos, como o tempo de acesso e o rendimento.

Limitações

O número limitado de iterações para o refinamento da conceção entre a conceção e a avaliação da conceção está limitado ao período de tempo deste estudo, que pode não ter produzido uma solução óptima ou uma conceção de baixo nível.

Uma das limitações é o conhecimento dos entrevistados (que são principalmente especialistas em gestão de serviços de telecomunicações) sobre a tecnologia de cadeia de blocos; é provável que, se tivessem mais conhecimentos sobre a tecnologia de cadeia de blocos, as suas respostas durante as entrevistas pudessem ter sido diferentes.

Referências

Askitis, Nikolas (2009), "Fast and Compact Hash Tables for Integer Keys", Actas da 32.ª Conferência Australasiana de Ciências da Computação (ACSC 2009) 91

Aziz, W. (2013). Bridging the leadership gap: A model and an instrument to measure the effectiveness of the leadership development program in Abu Dhabi, UAE (Doctoral dissertation). 1-137.

Boddy, C. R. (2016) Sample size for qualitative research. Qualitative Market Research: An international Journal, 19(4), 426-432.

Bucker, C. (2015). Participação na investigação Escrita científica. Diapositivos em PowerPoint para o curso de Projeto de Participação na Investigação, programa de Mestrado em ICTin Business, Universidade de Leiden.

Creswell, J. W. (2014). Conceção da investigação: Qualitative, quantitative and mixed methods approaches (4ª edição). Thousand Oaks, CA: Sage.

Crosby, M et al. (2016) "BlockChain Technology: Beyond Bitcoin", Applied Innovation Review, edição n.º 2, junho de 2016.

Devers, K. J., & Frankel, R.M. (2000). Conceção do estudo na investigação qualitativa - 2: Amostragem e estratégias de recolha de dados. Educationfor health, 13(2), 263-271.

Haber, S e Stornetta, W. (1991), "How to time-stamp a digital document", Journal of cryptology, Vol. 3 No. 2, PP. 99-111, 1991. https://www.anf.es/pdf/Haber Stornetta.pdf

Hevner et al. (2004). Design science in information systems research, MIS Quarterly Vol. 28 No. 1, pp. 75-105/março de 2004.

Documento ITU-T, Princípios para uma rede de gestão de telecomunicações M3010

Kumar, R. (2009). Arquitetura EMS-NMS em sistemas de gestão de telecomunicações, Centro de Engenharia de Telecomunicações, Departamento de Telecomunicações, Governo da Índia, http://tec.gov.in/pdf/Studypaper/eMS-NMS%20Study%20paper.pdf

http://www.pwc.com/us/en/technology-forecast/blockchain/definition.html. (n.d.).

Melika, G. A Thobhani, A. (2017) "Generic Cryptographically managing telecommunications settlement." *https://www.google.com/patents/US20170078493* 2017 Google Patents

Glass, R. L. (2001). Factos fundamentais frequentemente esquecidos sobre engenharia de software. IEEE software, 18(3), 112-111.

Wu, Xindong. (2014) Data mining with big data. IEEE TRANSACTIONS ON KNOWLEDGE AND DATA ENGINEERING, VOL. 26, NO. 1, JANEIRO DE 2014

Greenspan, G (2015) "MultiChain Private Blockchain - White Paper". http://www.multichain.com/download/MultiChain-White-Paper.pdf Acedido em 30 Mar2017.

Mahima, S. (2009). Choosing Best Hashing Strategies and Hash Functions, tese de mestrado THAPAR UNIVERSITY PATIALA -147004.

Mason, M. (2010) dimensão da amostra e saturação em estudos de doutoramento que utilizam entrevistas qualitativas. Forum Qualitative Sozialforshung / Forum: Investigação Social Qualitativa, 11(3).
Obtido em http://www.qualitative-research.net/index.php/fqs/article/view/1428/3027

Mazonka, O. (2016). Blockchain: Explicação simples. http://jrxv.net/x/16/blockchain-gentle-introduction.pdf

Murtezaj, V. (2011). Understanding the role of emotional intelligence in negotiating agreement and diplomatic conflict management behavior (Doctoral dissertation) 62-75.

Nakamoto, S. (2008). Bitcoin: Um sistema de dinheiro eletrónico peer-to-peer. https://bitcoin.org/bitcoin.pdf

Piklington, M. (2015) "Blockchain technology: principles and applications", Research Handbook on Digital Transformations, editado por F. Xavier Olleros e Majlinda Zhegu. Edward Elgar, 2016. *https://papers.ssrn.com/sol3/Papers.cfm7abstract id=2662660* Acedido em 30 de março de 2017.

Saldana, J. (2011). Fundamentals ofqualitative research. Oxford, NY: Oxford University Press Inc.

Schutt, R.K. (2011). Análise de dados qualitativos. Em R. Schutt (Ed.), Investigating the social world: O processo e a prática da investigação (PP. 320-357). CA:SAGE

Schwartz, D., Youngs, N.,& Britto, A. (2014). O algoritmo de consenso do protocolo Ripple. Livro Branco. Ripple Labs Inc. Recuperado de https://ripple.com/files/ripple consensus whitepaper.pdf

Singh, M. (2009) Choosing Best Hashing Strategies and Hash Functions, tese de mestrado, Thapar University, PATIALA -147004.

Slevitch, L. (2011). Metodologias qualitativas e quantitativas comparadas: Ontological and epistemological perspectives. Journal of Quality Assurance in Hospitality & Tourism, 12(1),

73-81.

Sun, T. (2009). Investigação com métodos mistos: Pontos fortes de dois combinados.

Swan, M. (2015). Blockchain. O'Reilly Media, Inc.

Apêndices

APÊNDICE A - O PROCESSO DE GESTÃO DE SERVIÇOS

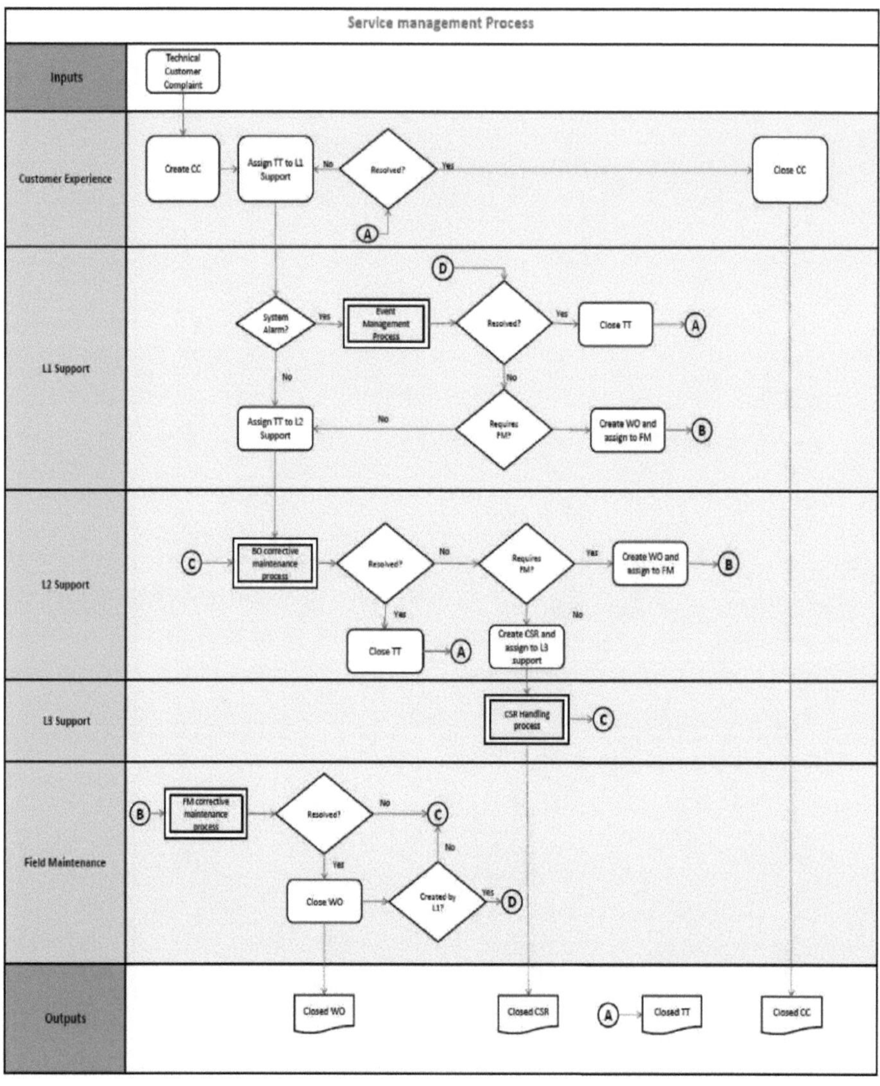

Apêndice B-O processo de gestão de eventos

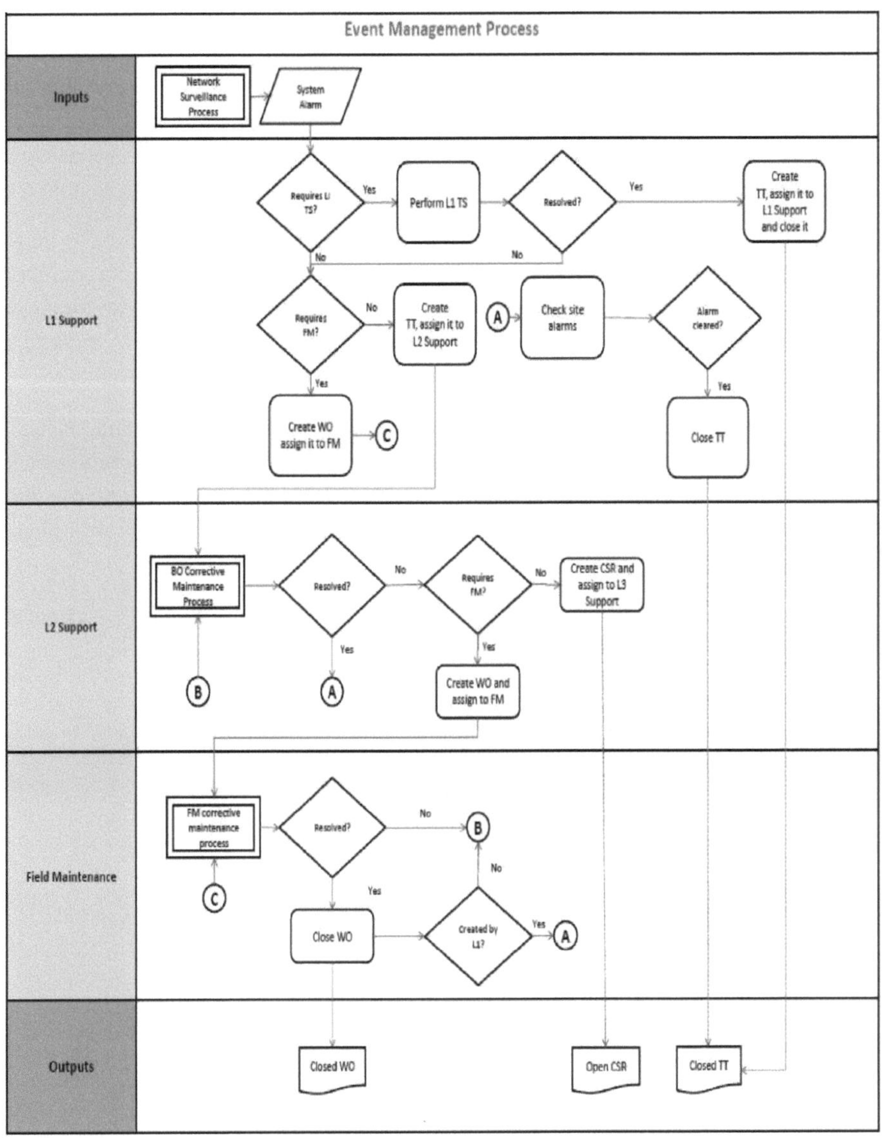

Anexo C - Correio eletrónico a solicitar a participação

Caro(a) Senhor(a),

O meu nome é Mohamed Atef Ibrahim, sou estudante de mestrado na Universidade de Leiden. Estou a realizar uma investigação para desenvolver uma solução de gestão de serviços de telecomunicações utilizando a tecnologia de cadeia de blocos e validando a solução através de um estudo de caso em que a solução é utilizada para implementar o processo de gestão de eventos descrito pelo guia de operação de serviços ITIL.

Preciso da sua ajuda e apoio para discutir e avaliar a conceção da solução com base nos seus conhecimentos e experiência. Escrevo-lhe para o convidar a participar nesta investigação, realizando uma ou mais entrevistas quando lhe for conveniente. A duração, o local e o horário da reunião serão combinados consigo, mediante o seu consentimento.

Durante a reunião, pode interromper a qualquer momento. Não estará sujeito a qualquer tipo de risco ou perigo durante a reunião. Os dados recolhidos durante a reunião sobre si e a sua organização (se necessário) serão utilizados apenas para completar o estudo de investigação e não serão partilhados com nenhuma outra entidade. Após a conclusão da minha dissertação, enviar-lhe-ei uma cópia.

Se tiver alguma dúvida, contacte-me por correio eletrónico: mohamedatefl982@gmail.com

Obrigado pela vossa ajuda e cooperação.

Apêndice D - Estrutura da entrevista

1- Quais são os requisitos da base de dados do ponto de vista tecnológico para implementar os processos de gestão de serviços em termos de
   a. Robustez
   b. Confidencialidade
   c. Desempenho (velocidade)
   d. Desintermediação
2- Reviu o diagrama e a descrição da solução?
3- Reviu o fluxograma do processo de gestão de eventos?
4- Compreende-o bem? Em caso negativo, que parte precisa de ser explicada?
5- Com base na sua experiência e compreensão da solução, acredita que uma base de dados de cadeias de blocos pode cumprir os requisitos do processo de gestão de eventos?
6- São necessárias todas as caraterísticas da tecnologia Blockchain ou apenas elementos específicos da mesma, por exemplo, hashing/encriptação, satisfazem também os requisitos de conceção?
7- Com base nos seus conhecimentos e experiência, quais são os possíveis inconvenientes da utilização da tecnologia de cadeia de blocos em vez das tecnologias existentes?
8- Com base nos seus conhecimentos e experiência, quais são os benefícios percebidos da utilização da tecnologia de cadeia de blocos em vez das tecnologias existentes?
9- Com base no seu conhecimento e experiência, quais são as possíveis modificações ou pormenores técnicos para tornar esta solução mais adequada à implementação do processo de gestão de eventos?
10- Há mais de um prestador de serviços envolvido na execução dos processos de gestão de serviços na sua organização?
11- Existem situações em que os diferentes prestadores de serviços têm conflitos ou problemas?
12- Quais são as causas mais prováveis que estão na origem desses conflitos ou problemas?
13- A falta de confiança num ambiente de múltiplos prestadores de serviços está a causar duplicação de trabalho?
14- Que efeito pode ter a existência do livro-razão distribuído nos conflitos/questões mencionados?
15- As funcionalidades dos contratos inteligentes podem ser utilizadas para obter ganhos de eficiência?

Printed by Books on Demand GmbH, Norderstedt / Germany